利国利民　造福子孙

功在当代　利在千秋

水中机器人（机器鱼）教育自主视觉系列教材

自主仿生机器鱼

编著　谢广明　何宸光

HEUP 哈尔滨工程大学出版社

内 容 简 介

自主仿生机器鱼是中国素质体育机器人运动会水中专项自主视觉组竞赛项目所指定的标准竞赛机器人。本书全面系统地介绍了自主仿生机器鱼的仿生学原理、机械结构、硬件系统、运动控制与优化等内容。

本书适用于参加中国素质体育机器人运动会水中专项运动全局视觉组竞赛项目的所有教练员、裁判员和运动员，也适合机器人爱好者参考学习。

图书在版编目（CIP）数据

水中机器人（机器鱼）教育自主视觉系列教材. 自主仿生机器鱼/谢广明，何宸光编著. —哈尔滨：哈尔滨工程大学出版社，2013. 7

ISBN 978 - 7 - 5661 - 0613 - 1

Ⅰ. ①水…　Ⅱ. ①谢… ②何…　Ⅲ. ①海洋机器人 - 仿生机器人 - 竞赛 - 教材　Ⅳ. ①TP242

中国版本图书馆 CIP 数据核字(2013)第 148824 号

出版发行　哈尔滨工程大学出版社
社　　址　哈尔滨市南岗区东大直街 124 号
邮政编码　150001
发行电话　0451 - 82519328
传　　真　0451 - 82519699
经　　销　新华书店
印　　刷　哈尔滨市石桥印务有限公司
开　　本　787mm × 960mm　1/16
印　　张　8. 5
字　　数　142 千字
版　　次　2013 年 7 月第 1 版
印　　次　2013 年 7 月第 1 次印刷
定　　价　25. 00 元
http：//www. hrbeupress. com
E-mail：heupress@ hrbeu. edu. cn

前言

江泽民同志指出：科学技术是第一生产力。振兴经济首先要振兴科技。只有坚定地推进科技进步，才能在激烈的竞争中取得主动。当前，我国经济正面临着加速发展、调整结构、提高效益的重大任务，尤其需要全社会提高科技意识，多方面增加科技投入，真正依靠科技进步。科技工作要面向经济建设主战场，在开发研究、高新技术及其产业、基础性研究这三个方面合理配置力量，确定各自攀登高峰的目标。在世界高科技领域中，中华民族要占有应有的位置。通过深化改革，建立和完善科技与经济有效结合的机制，加速科技成果的商品化和向现实生产力转化。不断完善保护知识产权的制度。认真抓好引进先进技术的消化、吸收和创新。努力提高科技进步在经济增长中所占的含量，促进整个经济由粗放经营向集约经营转变。

众所周知，文化是一个民族的实力，教育是一个民族的生机，体育是一个民族的国力。社会变革是极其巨大的，正是这极其巨大的变革迫使人们去认识新事物，迎接新挑战，迫使人们去思考许许多多前所未有的东西。服务机器人作为新生事物，已经走进人类，人类已经走进机器人时代。机器人技术涵盖了人类所有的学科知识和自然科学知识，特别是智能机器人和服务机器人，与人们的生产生活密不可分。2012 年国家科技部组织编制了《服务机器人科技发展“十二五”专项规划》，《规划》中明确了服务机器人技术是集机械、信息、材料、生物医学等多学科交叉的战略性高技术，对于相关技术与产业的发展起着重要的支撑和引领作用。在全国范围内实施《服务机器人科技发展“十二五”专项规划》，实现机器人技术作为战略高技术，推动国防军事、智能制造装备、资源开发，发展未来服务机器人产业，有望培育新的战略性新兴产业，而且具有很强的技术辐射性与带动性，对促进智能制造装备发展、提高应急处理突发事件能力、发展医疗康复设备、增强军事国防实力等都具有十分重要的现实意义。

2011 年，国家体育总局与神州通信集团战略合作，共同调研机器人运动的国际和国内现状，在美国、日本、欧洲国家等发达国家，机器人教育教学已被纳入中小学的必修课，有些大学还专门设立了机器人学科或机器人学院；机器人体育赛事方面，国际上著名赛事均由本国军事或太空部门主办，如AUVic赛事由国际无人系统联合会（AUVSI）和美国海军装备研究中心联合主办，水下SAUC-U赛事由全球海军技术研究局主办。机器人运动在我国必须规范开展，而规范的前提是规则。国家体育总局借鉴国际机器人教育教学和机器人体育赛事的先进经验，结合国内机器人赛事的现状，根据《中华人民共和国体育法》的有关规定，将机器人运动纳入国家社会体育运动项目，定义为中国素质体育机器人运动，以彰显这项运动的本质是素质教育。

中国素质体育机器人运动受到了社会各界的广泛关注，全国政协十一届五次会议上以关于“高度重视，深入做好素质体育机器人赛事”提出提案（3427号），国家体育总局对提案作出答复（体群字【2012】96号）。《答复》中明确做好六项工作：一、项目的基础建设；二、组织建设；三、竞赛系统建设；四、加强对外交流；五、把握文化大发展大繁荣对素质体育机器人运动带来的新机遇、新要求；六、加强与其他部门的合作。并于2012年颁布施行《中国素质体育机器人运动通用竞赛规则》，为这项利国利民伟大工程的规范开展、健康开展、广泛开展打下了坚实的基础。

此次出版的机器人专项教育系列教材在我国机器人教育领域尚属首次，此系列教材的出版使我国机器人基础教育、专项教育、学历教育的全面普及有了良好的开端，为我国机器人体育事业的健康发展、积极发展起到了巨大的推动作用。

何宸光

2013年3月于北京

目　　录

第 1 章　绪　　论

1.1　机　器　人

1.1.1　机器人定义

20 世纪人类最伟大的发明之一的机器人技术，经过 50 余年的发展已经取得了长足的进步。在科技界，科学家会给每一个科技术语一个明确的定义，但机器人问世已有几十年，机器人的定义仍然仁者见仁，智者见智，没有一个统一的意见。原因之一是机器人还在发展，新的机型、新的功能不断涌现。根本原因主要是因为机器人涉及到了人的概念，成为一个难以回答的哲学问题。就像机器人一词最早诞生于科幻小说之中一样，人们对机器人充满了幻想。也许正是由于机器人定义的模糊，才给了人们充分的想象和创造空间。

“机器人”一词诞生于 1920 年捷克作家卡雷尔·卡佩克发表的科幻剧本《罗萨姆的万能机器人》。剧中，罗萨姆公司推出了一种能够代替人类进行劳动的机器人产品，将人们从繁重、重复的劳动中解放出来。后来，罗萨姆公司对机器人进行了改进，使其有了情感。有了情感的机器人对自己的地位心生不满，终于有一天，起义爆发了，人类被屠戮殆尽。统治了世界的机器人痛苦地发现，由于技术资料被人类焚毁，它们无法繁殖后代，所以它们开始寻找人类的幸存者，但没有结果。最后，一对感知能力优于其他机器人的男女机器人相爱了，这时机器人进化为人类，世界又起死回生。卡佩克在剧本中把捷克语奴隶，即“Robota”写成了“Robot”，这就是机器人一词的起源。

1950 年，美国作家埃萨克·阿西莫夫在他的科幻小说《I，Robot》中首次使用了“Robotics”，即“机器人学”。阿西莫夫提出了“机器人三原则”:

（1）机器人必须不能伤害人类，且在人类受到伤害时不可袖手旁观；

（2）机器人必须服从人类的命令，除非这条命令与第一条相矛盾；

（3）机器人必须保护自己不受伤害，除非这种保护与以上两条相矛盾。

机器人学术界一直将这三原则作为机器人开发的准则，这是给机器人赋予的伦理性纲领，也是对机器人的定义。自机器人三原则理论提出到今天半个世纪以来，机器人不断被科幻作家和导演使用，阿西莫夫也因此被称为“机器人学之父”。

其实并不是人们不想给机器人一个完整的定义，自机器人诞生之日起人们就不断地尝试说明到底什么是机器人。但随着机器人技术的飞速发展和信息时代的到来，机器人所涵盖的内容越来越丰富，机器人的定义也不断充实和创新。

美国机器人工业协会给出的定义：机器人是一种用于移动各种材料、零件、工具或专用装置，通过可编程序动作来执行各种任务并具有编程能力的多功能机械手。

日本工业机器人协会给出的定义：一种带有存储器件和末端操作器的通用机械，它能够通过自动化的动作替代人类劳动。

我国科学家对机器人的定义：机器人是一种自动化的机器，所不同的是这种机器具备一些与人或生物相似的智能能力，如感知能力、规划能力、动作能力和协同能力，是一种具有高度灵活性的自动化机器。

在研究和开发未知及不确定环境下作业的机器人的过程中，人们逐步认识到机器人技术的本质是感知、决策、行动和交互技术相结合。随着人们对机器人技术智能化本质认识的加深，机器人技术开始源源不断地向人类活动的各个领域渗透。结合这些领域的应用特点，人们发展了各式各样的具有感知、决策、行动和交互能力的特种机器人和各种智能机器，如移动机器人、微机器人、水下机器人、医疗机器人、军用机器人、空中空间机器人、娱乐机器人等。对不同任务和特殊环境的适应性，也是机器人与一般自动化装备的重要区别。这些机器人从外观上已远远脱离了最初仿人型机器人和工业机器人所具有的形状，更加符合各种不同应用领域的特殊要求，其功能和智能程度也大大增强，从而为机器人技术开辟出更加广阔的发展空间。

中国工程院院长宋健指出：“机器人学的进步和应用是20世纪自动控制最有说服力的成就，是当代最高意义上的自动化”。机器人技术综合了多学科的发展成果，代表了高技术的发展前沿，它在人类生活应用领域的应用在不断扩大，引起国际上对机器人技术的重新认识。

1.1.2 机器人历史

机器人这一术语产生于20世纪，真正意义上实现机器人制造的历史只有短短的50年，然而要制造一个具有人的功能的自动机器却是人类有史以来的一个梦想，而且这要追溯到遥远的古代，正是有了这些具有想象力和创新精神的前人，人类的机器人梦想才得以不断实现，机器人技术才得以不断进步与发展。

1. 古代的机械

最早的机械自动装置产生在中国，要追溯到公元前400多年的春秋战国时期，被后人称为土木工匠祖师的鲁国人鲁班用竹木削成飞鹞，借助风力飞翔于空中。《墨子》一书中有这样的记载：“公输子削竹木以为鹊，成而飞之，三日不下。”就是说鲁班制作的木鸟，能飞上高空，三天不降落，这是记载最早的机械装置，如图1.1所示。鲁班的发明故事反映了古代人对机械的想象与创造，是古代劳动人民智慧的象征。

东汉时期（公元25—220年），张衡发明了测量路程用的“记里鼓车”，车上装有木人、鼓和钟，每走1里，击鼓1次，每走10里击钟一次，奇妙无比，如图1.2所示。三国时期的蜀汉（公元221—263年）丞相诸葛亮既是一位军事家，又是一位发明家，他成功地制造出“木牛流马”，可以运送军用物资，可以说是最早的陆地军用机器人。

图1.1 鲁班的木鸟

图1.2 记里鼓车

希罗是亚历山大时代的一位古希腊数学家，居住于托勒密埃及时期的罗马省。他也是一名活跃于其家乡亚历山大里亚的工程师，被认为是古代最伟大的实验家。希罗所发明的汽转球，是有文献记载以来的第一部蒸汽机。世界上第一部自动售卖机也是出于希罗之手，当安在机器顶上的槽接收了投币者的硬币时，机器就会分配一定分量的圣水给投币者，这发明被收纳在希罗的书《机械学与光学》的列表里。

14 世纪前期机械时钟的出现到 16 世纪自动玩偶的兴起与普及，象征着欧洲机械工艺的飞速蓬勃发展。机械时钟最早出现在意大利，后来普及到欧洲各国。14 世纪中期，欧洲英法等国的大型建筑物上面出现了报时钟，利用重力作用产生动力。15 世纪末至 16 世纪初出现了铁制发条，这成为了新的动力源，推动了机械钟表和自动玩偶的发展，为其小型化创造了条件。1665 年，荷兰的科学家惠更斯应用伽利略的理论设计了钟摆，并指导制造成功了第一台摆钟。1675 年，他又用游丝取代了原始的钟摆，这样就形成了以发条为动力、以游丝为调速机构的小型钟，同时也为制造便于携带的袋表提供了条件。1738 年，法国天才技师杰克·戴·瓦克逊发明了一只机器鸭，它会嘎嘎叫，会游泳和喝水，还会进食和排泄。瓦克逊的本意是想把生物的功能加以机械化从而进行医学上的分析。1773 年，瑞士的 Jaquet Droz 和他的儿子及徒弟共同创作了历史上最著名的可写字、绘画、风琴演奏的三个机械人偶，并于 1774 年在拉夏德封首度向世人展示。这三个机器人偶极尽精巧，表演逼真，宛如真人一般，能向听众行礼、改变视线及鼓动胸部等。

2. 现代的机器人

随着社会的发展，社会分工越来越细，尤其在现代化的大生产中，分工的细化导致个人工作的不断重复性，久而久之，让人感到单调枯燥。于是人们强烈希望用某种机器代替完成那些枯燥、单调、危险的工作，因而机器人问世了。先进的机器设备可提高劳动生产率和产品质量，创造出更多的社会财富，提供更多的就业机会。各国也争相投入机器人的研究与生产中。

1946 年，世界上第一台计算机研制成功，标志着人类跨入数据时代。计算机技术取得惊人成就，推动了工业自动化技术的发展。1947 年，美国原子能委员会的阿尔贡研究所研发了遥控机器手，用于代替人来处理实验过程中的放射性物质，并且 1948 年开发了机械式的主从机器手。1952 年，第一台数控机床诞生，大大提高了劳动生产效率和工艺精度，为与数控机床相关的控制、机器零件的研究奠定了机器人发展的基础。

1954 年，美国人乔治·德沃尔最早提出了工业机器人的思想，设计了一台程序可编程的工业机器人，并申请了该机器人的专利。该专利的要点是借助伺服技术控制机器人的关节，机器人通过实现动作的记录和再现来重复人手的动作，这就是早期的示教再现机器人。1961 年，美国万能自动化公司生产了第一台机器人 UNIMATE，并在通用汽车公司投入使用，这标志着第一代机器人的诞生。从此机器人开始进入人类历史舞台，人类以机器人为载体，以自己的智慧和劳动，拉开了历史的新篇章。

1962 年，美国 AMF 公司生产出“VERSTRAN”（意思是万能搬运），是一种真正商业化的工业机器人，并出口到世界各国，掀起了全世界对机器人和机器人研究的热潮。这种机器人的控制方式类似于数控机床，但是外形上有很大的区别，主要是由类似人的手和手臂组成。

1962—1963 年，传感器的应用提高了机器人的可操作性。人们试着在机器人上安装各种各样的传感器，以提高机器人的感知能力，从而增强机器人自身的判断能力，包括 1961 年恩斯特采用的触觉传感器；托莫维奇和博尼 1962 年在世界上最早的“灵巧手”上用到了压力传感器；而麦卡锡 1963 年则开始在机器人中加入视觉传感系统，并在 1965 年帮助 MIT 推出了世界上第一个带有视觉传感器，同时能识别并定位积木的机器人系统。

1965 年，约翰·霍普金斯大学应用物理实验室研制出 Beast 机器人。Beast 能通过声呐系统、光电管等装置，根据环境校正自己的位置。自 20 世纪 60 年代中期开始，美国麻省理工学院、斯坦福大学、英国爱丁堡大学等陆续成立了机器人实验室。

1968 年，美国斯坦福研究所公布了他们研发成功的机器人 Shakey。Shakey 带有视觉传感器，能根据人的指令发现并抓取积木，不过控制它的计算机有一个房间那么大。Shakey 可以算是世界第一台智能机器人，其拉开了第三代机器人研发的序幕。

1969 年，日本早稻田大学加藤一郎实验室研发出第一台以双脚走路的机器人。加藤一郎长期致力于研究仿人机器人，被誉为“仿人机器人之父”。日本专家一向以研发仿人机器人和娱乐机器人的技术见长，后来更进一步，催生出本田公司的 ASIMO 和索尼公司的 QRIO。从 20 世纪 60 年代后期开始，喷漆、弧焊机器人相继在工业生产中应用，由加工中心和工业机器人组成的柔性加工单元标志着单件小批生产方式的一个新的高度。几个工业化国家竞相开展了具有视觉、触觉、多手、多足，能超越障碍、钻洞、爬墙、水下移动的各种智能机器人的研究工作，并开始在海洋开发、空间探索和核工业中试用。整个20世纪60年代，机器人技术虽然取得了许多进展，建立了产业并生产了多种机器人商品，但是在这一阶段多数工业部门对应用机器人还持观望态度，机器人在工业应用方面的进展并不快。

在20世纪70年代，大量的研究工作把重点放在使用外部传感器来改善机械手的操作。1973年，世界上第一次机器人和小型计算机的携手合作，就诞生了美国Cincinnati Milacron公司的机器人T3。博尔斯和保罗在斯坦福使用视觉和力反馈，表演了与PDP－10计算机相连且由计算机控制的“斯坦福”机械手，用于装配自动水泵。几乎同时，IBM公司的威尔和格罗斯曼在1975年研制了一个带有触觉和力觉传感器的计算机控制的机械手，用于完成20个零件的打字机的装配工作。

1978年，美国Unimation公司推出通用工业机器人PUMA，标志着工业机器人技术已经完全成熟。PUMA至今仍然工作在工厂第一线，它是全电动驱动、关节式结构，多CPU二级微机控制、采用VAL专用语言，可配置视觉、触觉的力觉感受器，是技术较为先进的机器人。同年日本山梨大学的牧野洋研制成具有平面关节的SCARA型机器人。整个20世纪70年代，出现了更多的机器人商品，并在工业生产中逐步推广应用。随着计算机科学技术、控制技术和人工智能的发展，机器人的研究开发，其水平和规模都得到迅速发展。据国外统计，到1980年全世界约有2万余台机器人在工业中应用。

1984年，英格伯格研制出机器人Helpmate，这种机器人能在医院里为病人送饭、送药、送邮件。同年，他还预言：“我要让机器人擦地板，做饭，出去帮我洗车，检查安全”。

进入20世纪80年代后，机器人生产继续保持了20世纪70年代后期的发展势头。到20世纪80年代中期机器人制造业成为发展最快和最好的经济部门之一。机器人在工业中开始普及应用，工业化国家的机器人产值近几年以年均20%～40%的增长率上升。1984年全世界机器人使用总台数是1980年的四倍，到1985年底，全世界机器人使用总台数已达到14万台，1990年达到30万台左右，其中高性能的机器人所占比例不断增加，特别是各种装配机器人的产量增长较快，和机器人配套使用的机器视觉技术和装置正在迅速发展。

1998 年，丹麦乐高公司推出机器人（Mind-storms）套件，让机器人制造变得跟搭积木一样，相对简单又能任意拼装，使机器人开始走入个人世界。

1999 年，日本索尼公司推出犬型机器人爱宝（AIBO），迅速销售一空，从此娱乐机器人成为目前机器人迈进普通家庭的途径之一，如图 1.3(a)所示。

2002 年，美国 iRobot 公司推出了吸尘器机器人 Roomba，它能避开障碍，自动设计行进路线，还能在电量不足时，自动驶向充电座。Roomba 是目前世界上销量最大、最商业化的家用机器人，如图 1.3(b)所示。

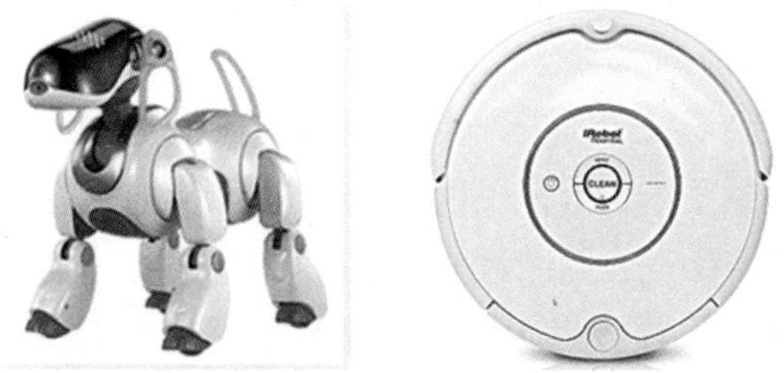

(a)　　(b)

图 1.3　AIBO 和 Roomba

2006 年 6 月，微软公司推出 Microsoft Robotics Studio，机器人模块化、平台统一化的趋势越来越明显，比尔·盖茨预言，家用机器人很快将席卷全球。

2008 年，中国研制的福娃机器人能够感应到 1 m 范围内的游客，可与人对话、摄影、歌唱、跳舞等，还能回答与奥运会有关的问题。

到了 21 世纪，随着微电子、MEMS 技术和人工智能的发展，机器人技术进入了一个飞速发展的阶段。许多最新的智能技术的应用，使机器人智能化程度不断增强，如临场感技术、虚拟现实技术、多媒体技术、人工神经网络技术、遗传算法和遗传编程、放声技术、多传感器集成和融合技术以及纳米技术等。各国争相投入大量资金进行研究，相继取得了重大的突破。可以说，智能机器人将是未来机器人技术发展的方向。

1.1.3　机器人的分类

机器人的分类方法有很多，不同的分类方式可以将机器人划分为不同的类别。下面主要介绍以下几种划分方法。

1. 按照机器人用途划分

（1）工业机器人，是指面向工业领域的多关节机器手或者多自由度机器人。工业机器人是自动执行工作的机器装置，主要用于生产制造业，靠自身动力和控制能力来实现例如焊接、搬运、装配、检验等作业。

（2）军用机器人，是指一种用于军事领域的具有某种功能的军事装置，主要有侦察、勘探、布雷、排爆、运输、武器打击、防御等应用。

（3）水下机器人，是一种作业于水下的机器人，能代替人潜入水中完成某些极限作业。水下环境恶劣危险，所以水下机器人将代替人类成为开发海洋的重要工具。

（4）服务机器人，主要是指一类能协助人类处理日常生活事务，完成有益于人类健康的服务工作，但是不包括从事生产的设备，例如从事维护保养、修理、运输、清洁、保安、监护等一些贴近人们生活、工作的机器人。

（5）娱乐机器人，是以供人观赏、娱乐为目的的机器人。这些机器人具有生物的一些外部特征，可以像人或某种动物，同时具有机器人的功能，可以行走或完成动作，可以有语言能力，会唱歌，有一定的感知能力，如机器人歌手、足球机器人、玩具机器人、舞蹈机器人等。

（6）医用机器人，是指有广泛的感觉系统及智能、模拟装置，从事医疗或辅助医疗工作的机器人。一般有运送物品机器人、移动病人机器人、临床医疗用机器人、护理机器人、医用教学机器人、手术机器人等。

2. 按驱动方式划分

（1）液压驱动，利用液体的抗挤压力来实现力的传递，推动装置运动。

（2）气压驱动，类似液压驱动，效率没有液压驱动高，但是缓冲性好，不会对器件造成损伤，精密仪器中使用较多。

（3）电气驱动，主要是指通过电气的转动来提供动力，是最常见的驱动方式，大多数机器人都采用这种驱动。

3. 按控制方式划分

（1）操作型机器人，是指通过编程，能实现自动控制的机器人，一般拥有多个自由度，可固定或运动。

（2）示教再现型机器人，是指通过引导的方式，对机器人进行示教，来教会机器人动作，然后机器人通过学习到的信息来再现出动作。

（3）感觉控制型机器人，是指一类通过传感器来获取信息，通过反馈来进行控制的机器人。

(4) 适应控制型机器人，是指能自主适应环境变化，能控制自身行动的机器人。

(5) 智能机器人，是以人工智能来决定其行动的机器人。

4. 按照机器人从低级到高级的发展程度划分

(1) 第一代机器人，主要指只能以“示教－再现”方式工作的机器人，示教内容为机器人操作机构的空间轨迹、作业条件、作业顺序等。

(2) 第二代机器人，具有一定的感觉装置，能获取作业环境、操作对象的简单信息，通过计算机处理、分析，使机器人作出一定的推理，对动作进行反馈控制，表现出低级的智能。

(3) 第三代机器人，指具有高度适应性的自治机器人。

当然关于机器人的分类还有很多其他的方式，也繁衍出很多新类型的机器人，例如飞行机器人，仿生机器人等。随着技术的发展，机器人智能程度越来越发达，功能更加全面，新形式的机器人更加层出不穷。

1.1.4 国外机器人的研究现状

从机器人诞生到20世纪80年代初，机器人技术经历了一个长期缓慢的发展过程。到了20世纪90年代，随着计算机技术、微电子技术、网络技术等的快速发展，机器人技术也得到了飞速发展。除了工业机器人水平不断提高之外，各种用于非制造业的先进机器人系统也有了长足的进展。

1. 机器人操作机

通过有限元分析、模态分析及仿真设计等现代设计方法的运用，机器人操作机已实现了优化设计。以德国KUKA公司为代表的机器人公司，已将机器人并联平行四边形结构改为开链结构，拓展了机器人的工作范围，加之轻质铝合金材料的应用，大大提高了机器人的性能。此外采用先进的RV减速器及交流伺服电机，使机器人操作机几乎成为免维护系统。

2. 并联机器人

并联机器人可以定义为动平台和定平台通过至少两个独立的运动链相连接，机构具有两个或两个以上自由度，且以并联方式驱动的一种闭环机构。从运动形式来看，并联机构可分为平面机构和空间机构；细分可分为平面移动机构、平面移动转动机构、空间纯移动机构、空间纯转动机构和空间混合运动机构。采用并联机构，无累计误差，加工精度高，这是机器人技术向数控技术的拓展，并为将来实现机器人和数控技术一体化奠定了基础。

3. 模块化机器人

Sambot（Self-Assembly Modular Swarm Robot）是一种新的自组装模块化机器人平台。每个 Sambot 机器人具有自主移动、自主对接功能，由多个 Sambot 机器人组成的机器人结构具有类似自重构模块化机器人的整体运动和自重构等功能，实现了群体机器人与自重构机器人的结合。模块化机器人具有以下特点。

（1）功能多样性：用户可以搭建出具有不同功能、适合不同应用场合的机器人。

（2）实用性强：用户可根据自身实际选购合适的功能模块，有针对性地搭建所需的机器人系统。

（3）扩展性强：用户可通过新增模块来扩展原有系统，即避免了初期投入的盲目性，又保证了机器人系统功能的可扩展性。

（4）控制系统：控制系统已由过去控制标准的 6 轴机器人发展到现在能够控制 21 轴甚至 27 轴，并且实现了软件伺服和全数字控制。人机界面更加友好，基于图形操作的界面也已问世。控制系统的编程方式由传统的示教编程向人工智能发展，机器人的自主性越来越高。

（5）传感系统：激光传感器、视觉传感器、力传感器、超声波传感器、触觉传感器及惯性导航系统等在机器人系统中已得到成功应用，大大提高了机器人的感知能力和对环境的适应性，为机器人智能化控制的发展提供了硬件支持。

（6）网络通信功能：无线网络通信技术的发展以及在机器人上的应用，使得机器人信息的传递交互更加方便，解决了机器人独立应用的尴尬局面。近年来蓝牙、红外、WiFi、ZigBee 等技术的运用使得机器人具有操作区域连续、可移动等优点，为机器人在复杂楼宇及野外环境方面的应用提供了一种重要的技术支持。

（7）可靠性：由于微电子技术的快速发展和大规模集成电路的应用，使机器人系统的可靠性有了很大提高，故障概率大大降低，可修复性增强。

1.1.5 国内机器人的研究现状

我国的机器人研究相对开始较晚，先后经历了 20 世纪 70 年代的萌芽期，

20 世纪 80 年代的开发期，20 世纪 90 年代的适用化期和 21 世纪的高速发展期。

1972 年，在中国科学院沈阳自动化所里，被誉为“中国机器人之父”的蒋新松在诸多争议声中开始了机器人研究。1977 年，沈阳自动化所将智能和机器人技术确定为学科发展方向，之后，正式将机器人技术研究纳入发展规划。

进入 20 世纪 80 年代后，我国机器人技术的开发与研究得到了政府的重视与支持。“七五”期间，国家投入资金，对工业机器人及其零部件进行攻关，研制出喷涂、点焊、弧焊和搬运机器人等五类机型。国家“863”计划开始实施后，跟随世界机器人的发展潮流，智能机器人主题成为主要研究方向，国内也建立了一批优秀的机器人研究基地，如北航机器人研究所、哈工大机器人研究所、上海交大机器人研究所、浙江大学机器人研究所等，历经几年，已成功地研制出了一批特种机器人。

20 世纪 90 年代初期，我国的工业机器人也在实践中迈进了一大步。点焊、弧焊、装配、喷漆、切割等各种用途的工业机器人相继出炉，形成了一批机器人产业化基地。中科院沈阳自动化所研制成功的 6 000 米水下机器人，能够无缆进行作业，获得 2000 年国家十大科技成果之一。2006 年，我国研制成功世界最大潜深载人潜水器海极一号，可进行 7 000 米的工作潜深，可以达到世界 99.8% 的海底，比世界上另外 5 台同类产品深 500 米。

21 世纪，随着科技的发展进步，微电子、计算机技术、传感器技术的运用，新型机器人应运而生。2011 年浙江大学机器人研究团队研制出新型仿人机器人，名为“悟”与“空”的两个机器人能够打乒乓球，以验证其快速连续反应能力，如图 1.4 所示。在机器人平地行走难题得到克服之后，外形、思维和动作与人相似的机器人正成为国际科学界研究的新热点。新型机器人对机器人的运动规划、平衡控制、机械结构设计、材料选择和加工工艺提出了更高的要求。

经过四十多年的发展，我国机器人的研究在一些方面已经达到了世界先进水平，但还存在着一些问题。一方面，在产业化上与国际上有着一定的差距；另一方面，我国机器人研究多是借鉴外国先进技术，多进行二次开发，自身技术创新较少。

目前我国机器人主要朝着仿人仿生方向发展，已经取得了一定的成绩，但

图 1.4　浙大打乒乓球的机器人

创新不足仍是主要问题。总体上看，我国机器人研究仍然任重而道远。

1.1.6　机器人的应用与展望

1. 机器人应用领域

近年来，人类的活动领域不断扩大，机器人应用也从制造领域向非制造领域发展。像海洋开发、宇宙探测、采掘、建筑、医疗、农林业、服务、娱乐等行业都提出了自动化和机器人化的要求。这些行业与制造业相比，其主要特点是工作环境的非结构化和不确定性，因而对机器人的要求更高，需要机器人具有行走功能，对外感知能力以及局部的自主规划能力等，这是机器人技术的一个重要发展方向。

（1）水下机器人：水下机器人由于其所处的特殊环境，在机械设计上比陆地机器人难度大，设计时需考虑到深度控制、深水压力等诸多方面。水下机器人可用于海洋石油开采、海底勘查、救捞作业、管道敷设和检查、电缆敷设和维护，以及大坝检查等方面。水下仿生机器人近年来发展迅速，各国相继研发出仿生机器鱼、机器海龟等。

（2）空间机器人：空间机器人是用于空间探测活动的特种机器人，它是一种低价位的轻型遥控机器人，可在行星的大气环境中导航及飞行。空间机器人一直是先进机器人的重要研究领域，目前美国、俄罗斯、加拿大等国已研制出各种空间机器人，如美国 NASA 的空间机器人 Sojanor 等。Sojanor 是一辆自主移动车，质量为 11.5 kg，尺寸 630 ~ 48 mm，有 6 个车轮，它在火星上的成功应用，引起了全球的广泛关注。

（3）核工业用机器人：国外对核工业用机器人的研究主要集中在机构灵巧、动作准确可靠、反应快、质量轻、刚度好、便于装卸与维修的高性能伺服手，以及半自主和自主移动机器人。已完成的典型系统，如美国 ORML 基于机器人的放射性储罐清理系统、反应堆用双臂操作器，加拿大研制成功的辐射监测与故障诊断系统，德国的 C7 灵巧手等。

（4）地下机器人：地下机器人主要包括采掘机器人和地下管道检修机器人两类，主要研究内容为机械结构、行走系统、传感器及定位系统、控制系统、通信及遥控技术。目前日本、美国、德国等发达国家已研制出了地下管道和石油、天然气等大型管道检修用的机器人，各种采掘机器人及自动化系统正在研制中。

（5）医用机器人：医用机器人的主要研究内容包括医疗外科手术的规划与仿真、机器人辅助外科手术、最小损伤外科手术、临场感外科手术等。美国已开展临场感外科的研究，用于战场模拟、手术培训、解剖教学等。法国、英国、意大利、德国等国家联合开展了图像引导型矫形外科计划、袖珍机器人计划以及用于外科手术的机电手术工具等项目的研究，并已取得一些卓有成效的成果。

（6）建筑机器人：日本已研制出 20 多种建筑机器人，如高层建筑抹灰机器人、预制件安装机器人、室内装修机器人、地面抛光机器人、擦玻璃机器人等，并已实际应用。美国卡内基梅隆大学、麻省理工学院等都在进行管道挖掘和埋设机器人、内墙安装机器人等的研制，并开展了传感器、移动技术和系统自动化施工方法等基础研究。此外英国、德国、法国等国也在开展这方面的研究。

（7）军用机器人：近年来，美国、英国、法国、德国等国已研制出第二代军用智能机器人，其特点是采用自主控制方式，能完成侦察、作战和后勤支援等任务，在战场上具有看、嗅和触摸能力，能够自动跟踪地形和选择道路，并且具有自动搜索、识别和消灭敌方目标的功能，如美国的 Navplab 自主导航车、SSV 半自主地面战车，法国的自主式快速运动侦察车（DARDS），德国 MV4 爆炸物处理机器人等。目前美国 ORNL 正在研制和开发 Abrams 坦克、爱国者导弹装电池用机器人等各种用途的军用机器人。

可以预见，在 21 世纪各种先进的机器人系统将会进入人类生活的各个领域，成为人类良好的助手和亲密的伙伴。

2. 机器人发展趋势

比尔·盖茨曾预言“未来家家都有机器人”。事实上，机器人的发展正经历着过去40年电脑发展的道路，不久的将来，机器人将会步电脑的后尘，与40年前的个人电脑一样，逐步地走进大众百姓的家家户户，将改变人类的生活方式。纵观当今世界机器人研究开发态势，仿生化、智能化、类人化成为新的发展趋势。毋庸置疑，未来的机器人将会朝着以下三个方面发展。

（1）与人类社会的生活更为密切地结合起来，以为人类做出更多的服务为要素

有相关专家预言，20年后，家中扫除、清洁的工作或老人的护理保健的工作可能全由机器人取代。美国旧金山的医院已开始使用机器人为病人送药、配药的服务。洛杉矶的医院将直径只有30微米的齿轮装配成的小小机器人植入血管里，这个小小机器人像潜水艇一样在血液的河流中自由自在地游动着，一旦遇到血管中淤积或飘浮的胆固醇、脂肪，就毫不留情地扑上去，迅速将其撕烂嚼碎，同凶恶的病毒相遇时，也毫不畏惧，挺身而出。

（2）仿生性、生物性的大趋向

在“2004 IEEE机器人学与仿生学国际学术会议”上，与会的机器人学专家表示：“模仿生物的身体结构和功能，从事生物特点工作的仿生机器人，有望代替传统的工业机器人，成为未来机器人领域的发展方向。”事实上，近年来，仿生机器人一直是机器人研究领域的热点，一些仿生机器人也得到了广泛应用。仿鸟类、苍蝇等的飞行机器人，仿人机器人、蛇形机器人等陆地机器人，机器螃蟹、机器鱼、机器海豚等水下机器人，还有两栖机器人等相继研发，既提高了机器人科技水平，又提高了人们对机器人技术领域的研发兴趣。

（3）类人化、人性化

按照机器“三定律”，机器人始终要为人类服务，因而，类人化和人性化成为机器人研究的最根本方向，双足机器人、情感机器人的研发，使得机器人越来越接近人类的生活，更好地为人类服务。日本本田公司研制的仿人机器人ASIMO，是一款先进的仿人行走机器人，06版的ASIMO，除具备了行走功能与各种人类肢体动作之外，更具备了人工智慧，可以预先设定动作，还能依据人类的声音、手势等指令，来从事相应动作，此外，它还具备了基本的记忆与辨识能力。之后，法国Aldebaran Robotics公司的最新产品NAO取代ASIMO登

陆机器人世界杯，NAO 的手可抓拿物体，可处理影像与声音，可用声呐系统侦测周围环境。多媒体功能包括 high-fi 扩音器、麦克风与 CMOS 数码相机。2010 年意大利理工学院研制了一个人形机器人 iCub，它能自己学习如何使用弓箭射击目标。通过复杂的计算机算法，“小电子人”能够从没有命中目标的射击“失败”中汲取教训和经验，不断改进，直到命中靶心。iCub 使用一种名为 ARCHER 的学习型算法体系，该体系使用一台相机捕获并处理靶标的图像，并对之前失败的尝试进行分析，从而找出最佳的射击角度、力量以及飞行轨迹，最终一箭命中。

展望 21 世纪，机器人会像与 20 世纪计算机的普及一样，深入应用到各个领域，所以很多专家预测，21 世纪的前 20 年是智能机器人发展的一个关键时期。目前国际上很多国家，对机器人影响人类社会的估计提出了新的认识，同时，我们也可以看到机器人技术的飞速发展将涉及到更多的学科，例如机械、电工、自动控制、计算机测量、人工智能、传感技术等。

1.2　仿生机器人

仿生学（bionics）一词是 1960 年由美国 J. E. 斯蒂尔根据拉丁字“bios”（“生命方式”的意思）和字尾“nic”（“具有……的性质”的意思）构成的。他认为“仿生学是研究以模仿生物系统的方式，或是以具有生物系统特征的方式，或是以类似于生物系统方式工作的系统的科学”。尽管人类在文明进化中不断从生物界受到新的启示，但仿生学的诞生，一般以 1960 年全美第一届仿生学讨论会的召开为标志。

仿生学的研究范围主要包括：

（1）力学仿生，研究并模仿生物体大体结构与精细结构的静力学性质，以及生物体各组成部分在体内相对运动和生物体在环境中运动的动力学性质。例如，建筑上模仿贝壳修造的大跨度薄壳建筑，模仿股骨结构建造的立柱，既消除了应力特别集中的区域，又可用最少的建材承受最大的载荷。

（2）分子仿生，研究与模拟生物体中酶的催化作用，生物膜的选择性、通透性，生物大分子或其类似物的分析和合成等。例如，在搞清森林害虫舞毒蛾性引诱激素的化学结构后，合成了一种类似有机化合物，在田间捕虫笼中用千万分之一微克，便可诱杀雄虫。

（3）能量仿生，研究与模仿生物电器官、生物发光、肌肉直接把化学能转换成机械能等生物体中的能量转换过程。

（4）信息与控制仿生，是研究与模拟感觉器官、神经元与神经网络，以及高级中枢的智能活动等方面生物体中的信息处理过程。例如根据象鼻虫视动反应制成的“自相关测速仪”可测定飞机着陆速度；根据鲎复眼视网膜侧抑制网络的工作原理，研制成功可增强图像轮廓，提高反差，从而有助于模糊目标检测的一些装置。已建立的神经元模型达100种以上，并在此基础上构造出新型计算机。

（5）模仿人类学习过程，制造出一种称为“感知机”的机器，它可以通过训练，改变元件之间联系的权重来进行学习，从而能实现模式识别。此外，它还研究与模拟体内稳态、运动控制、动物的定向与导航等生物系统中的控制机制，以及人－机系统的仿生学等。

（6）某些文献中，把分子仿生与能量仿生的部分内容称为化学仿生，而把信息和控制仿生的部分内容称为神经仿生。

仿生机器人一直被科学家当作机器人研究中的一个重要方向，科学家和工程师们在仔细研究了各种生物系统的结构、运动方式和控制方式之后，精巧地设计出了各种仿生机器人，实现了具有该动物特性的相关功能，可更好地完成特定的任务。

在制造仿生机器人的过程中，人类并没有完全抄袭大自然，而是抓住了生物系统的一些基本行为特征，保持生物系统和人造系统在基本原理上的一致，使用可以得到的材料和可行的技术创造出了这一机器人群体。虽然比起大自然的造化，人类创造出的种种机器既笨拙又不经济，甚至相当可笑，但随着人类认识世界和改造世界的能力逐步提高，可以乱真的仿生机器人走进人类的生活并不是一个遥远的梦想。

1.2.1　仿生机器人的定义与分类

1. 仿生机器人的定义

仿生机器人就是模仿自然界中生物的外部形状、运动原理和行为方式的系统，能从事生物特点工作的机器人。

2. 仿生机器人的分类

和机器人一样，仿生机器人的分类方式也很多，按照仿生类型分，主要分为仿人、仿生物和生物机器人三大类；按照其工作环境来分，主要分为空中仿生机器人、陆地仿生机器人、水下仿生机器人、两栖仿生机器人等。

1.2.2 仿生机器人的特点

仿生机器人的根本特点是模仿生物体的全部或部分功能，或者模拟其控制方式。其设计制作的主要特点有：一是多为冗余自由度或超冗余自由度的机器人，机构复杂；二是其驱动方式有些不同于常规的关节型机器人，通常采用绳索、人造肌肉或形状记忆合金等驱动。

1.2.3 仿生机器人的研究现状与发展趋势

1. 仿生机器人研究现状

（1）水下仿生机器人

水下机器人由于其所处的特殊环境，在机构设计上比陆地机器人难度大。在设计时需考虑水下深度控制、深水压力、线路绝缘处理及防漏、驱动原理、周围模糊环境的识别等诸多方面。以往的水下机器人采用的都是鱼雷状的外形，用涡轮机驱动，具有坚硬的外壳以抵抗水压。目前，鱼类的推进方式已成为人们研制新型高速、低噪音、机动灵活的柔体潜水器模仿的对象。仿生鱼推进器效率可达到70% ~90%，与水的相对速度比螺旋桨推进器小得多，有效地解决了噪音问题。水下机器鱼和机器蟹的灵活性远远高于现有的潜艇，几乎可以到达水下任何区域。

（2）空中仿生机器人

随着科技的发展和人类对制空权的重视，仿空中机器人应运而生。空中机器人即具有自主导航能力，无人驾驶的飞行器。这类机器人活动空间广阔，运动速度快，居高临下而不受地形限制，在军事、森林火灾以及灾难搜救中，前景极好。其飞行原理分为固定翼飞行、旋翼飞行和扑翼飞行。目前国内外广泛关注的微型飞行器侧重于扑翼机的研究，它模仿鸟类或昆虫的扑翼飞行原理，将举升、悬停和推进功能集于一个扑翼系统，可以用很小的能量进行长距离飞行，同时具有较强的机动性。如2011年德国科技公司费斯托（Festo）的科学家研制出一种机器鸟，名为“智能鸟”（Smart Bird），不仅可以完美模拟鸟类飞行，同时仿真度极高，足可以假乱真，如图1.5所示。智能鸟采用富有革命性的设计，能够自行启动、飞行和降落。它的翅膀不仅能够上下拍动，同时也可按特定角度扭转，以让这只超轻的机器鸟拥有出色的空气动力性能和令人惊叹的灵敏度。

图 1.5　智能鸟

（3）地面仿生机器人

陆地仿生机器人多为模仿陆地哺乳动物、爬行动物、昆虫等。如可以攀爬管道的蛇形机器人，这种蛇形机器人大部分由轻质的铝或塑料组成，最大也只有成人手臂大小，机器人配有摄像机和电子传感器，可以接受遥控指挥。蛇形机器人可以成功上下一根塑料管道，并可以跨越废墟碎片间的巨大空隙以及在草丛中来去自由，如让蛇形机器人在坍塌废墟中穿梭，能更快地找到幸存者，为灾难救援工作带来技术突破。同时这种机器人可以盘起或直立身子，以得到更好的视野，其可以运用于军事侦察中。典型的是 2012 年美国洛克希德 · 马丁公司的先进技术实验室推出的一个新侦察机器人的样机，长得就像一条穿着迷彩服的蛇，如图 1. 6 所示。机器蛇灵活的关节由多个聚合物段块连接而成，由电动机驱动，移动控制由软件执行，能针对不同环境实时确定最佳移动模式，如蠕动、滚动、S 形或螺旋形的扭动。机器蛇侧身蜿蜒前进速度最快，但需要良好的牵引力；身体缓慢起伏前进速度较慢，适合于密闭空间；而在平面上，则以滚动最为简单；在需要攀登楼梯等垂直障碍时，也可以昂起身子，仿生结构和智能化的控制软件使它能尽量模仿蛇的自然移动。

（4）仿人机器人

自 1983 年以来，美国研制出一系列 7 自由度拟人单臂和双臂一体机器人，并已用于空间站实验。1986 年，美国犹他州大学工程设计中心研制成功了著

图 1.6 机器蛇

名的 UTAHM IT 灵巧手，该手有 4 指，拇指 2 关节，其余 3 指各有 3 关节，手指关节绳索驱动并设有张力传感器。1990 年，贝尔实验室完成了灵巧手的软硬件控制系统，并仿真人手的拿、夹、抓、握物体等多种动作进行了实验。1992 年，日本进行多指仿人手臂真实作业的研究，系统由主从手臂及传感控制系统组成，其灵巧手有 4 指，每指有 3 个关节，手具有 14 个自由度。随着多指灵巧手研究的发展，具有灵巧手的仿人臂及其系统的研究愈来愈受到重视。日本本田公司和大阪大学联合推出的 P1、P2 和 P3 型仿人步行机器人，将仿人机器人的研究推向一个崭新的高度，在 P3 的基础上本田公司又研制了“Asimo”智能机器人。新近，法国 Aldebaran Robotics 机器人公司开发的仿人机器人 NAO，无疑是最酷的家用拟人化机器人产品之一：它身高 23 英寸，自由度极高，它的机械手可以牢牢地抓住物品，还可以处理图像和音频数据，并使用声呐进行导航。这款机器人还装有高保真扬声器、麦克风和数码相机等部件。2000 年，我国独立研制的第一台具有人类外观特征，可以模拟人类行走与基本操作功能的类人型机器人“先行者”，由国防科技大学研制成功。它高 1.4 米，重 20 千克，不但具有类人一样的头部、眼睛、脖颈、身躯、双臂与两足，而且具备了一定的语言功能，并且能达到每秒两步的速度快速行走。2011 年，浙江大学成功研制出快速连续反应的仿人机器人，这款机器人酷似人形，并且能够快速反应，可进行乒乓球对决，最高回合记录达到 144 次。2012 年，东京研究人员开发出了一款名为 SWUMANOID 的游泳机器人，它可以与运动员一样，随意变换自己的泳姿，对未来运动员做水下测试有很大的帮助。

2. 仿生机器人发展趋势

（1）仿生机器人结构的微型化

微型仿生机器人可用于小型管道检测作业，可进入人体进行检查和实施治疗而不伤害人体，也可以进入狭小复杂的环境进行作业等。仿生机器人微型化的关键是实现机电系统的微型化，即将驱动器、传动装置、传感器、控制器、电源等集成到一块硅片上，构成微机电系统，从而实现机器人整体结构的微型化。来自瑞典、西班牙、德国、意大利和瑞士的研究人员正在思考如何批量生产一种微型机器人。这种微型机器人只有苍蝇般大小，可以像昆虫那样成群活动，并在监管、微型制造以及医药等方面进行数据收集。这些机器人尽管只有不到 4 平方毫米大，却装有移动、通信、收集数据所需的所有设备，它们甚至能通过太阳能电池板来产生自身活动所需的能量。

（2）仿生机器人的相似性和多变性

在军事侦察和间谍任务中，如果仿生机器人的外形与所模仿的生物外形完全一致，将能更隐蔽、更安全地完成任务。日本研制的变形机器人包括若干小机器人，小机器人通过红外传感器和照相机识别周围的障碍物，然后相互协调，按照不同需要组合成狗、蜘蛛和蛇等 7 种形态，可以根据环境变化而改变自己的形状。机器人的多变性使其能够进入各种人类难以接近的灾害现场实施调查，还有望应用于航天探测等领域。

（3）仿人机器人的多功能性

21 世纪人类将进入老龄化社会，发展多功能仿人机器人将弥补年轻劳动力的严重不足，解决老龄化社会的家庭服务和医疗等社会问题，并能开辟新的产业，创造新的就业机会。在医疗领域，仿人机器人可以用于假肢和器官移植，用仿人机器人技术可以做成动力型假肢，协助瘫痪病人实现行走的梦想。并且硬件的设计使仿人机器人外观拟人化，各种软件的开发使其具备了语言能力和运动能力，因而仿人机器人不但能唱歌跳舞，甚至能够与人交流，目前仿人型娱乐机器人已走近了家庭之中。

（4）仿生机器人群

仿生机器人群通常应用在需要多机器人协作的场合，如机器人生产线、柔性加工工厂、消防、无人作战机群等。它是通过模仿蚂蚁、蜜蜂以及人的社会行为而衍生的仿生系统，通过个体之间的合作完成某种社会性行为，通过群体行为增强个体智能，提高系统整体的工作效率。

1.2.4 仿生机器人的应用

仿生机器人在很多领域有着广泛的应用，比如军事、工业、考古、勘探、娱乐、服务等方面。

1. 仿生机器人在军事领域有着广泛的应用

大量的仿生机器人可以应用在军事侦察和间谍任务中，仿生机器人的外形与所模拟生物的外形极其相近，不易被发觉，能更安全地完成任务。比如水下机器鱼和机器蟹的灵活性远远高于现有的潜艇，几乎可以达到水下任何区域，作为军用侦察和科学探索的工具，甚至可以作为扫除水雷等杀伤性武器的工具，其发展和应用前景十分广阔。

2. 仿生机器人在家庭、服务业中的应用

仿生机器人，尤其是仿人机器人，可以在家庭中照顾老人和小孩，可以在医院中照顾病人，另外，迎宾机器人也可广泛应用于医院、宾馆等服务场所，这在社会老龄化以后，劳动力缺乏的情况下，需求更加明显。

3. 在防灾救援等特殊场合的应用

蛇形机器人、蜘蛛机器人等可以在灾难事故现场，进行攀岩、灭火、钻洞等人类不能进行或者会对救援人有潜在伤害的救助活动；在某些危险的工作环境下，新的类人机器人也可以取代人类，成为新型的劳动力，比如矿井下工作、高辐射工作场所等。

4. 教育娱乐方面有着广泛的应用

新型的仿生机器人，不仅会拥有很强的运动能力，更将拥有丰富的感情和交流能力，它们可以成为人类的良师益友，尤其在教育儿童方面，可以不厌其烦的工作，完成老师和伙伴等多重工作，在给孩子们教会知识的同时也可给孩子们带来更多的乐趣；它们还将拥有跳舞、唱歌等功能，在人们工作疲惫的时候，给人们带来清闲与快乐。

在对自然界生物的学习、模仿、复制和再造的过程中，发现和发展相关的理论和技术方法，可使仿生机器人在功能和技术层次上不断提高，应用也越来越广，它们在军事、娱乐和服务等方面的重要性，使得仿生机器人已经成为21世纪机器人研究的热点。

1.3 水下仿生机器人

20世纪90年代以来，随着仿生学、流体力学、机器人学的进步，计算机、传感器和智能控制技术的快速发展，以及新型材料的不断涌现、海洋经济的发展和军事需求的增加，使水下机器人像水下生物那样在水中遨游已经不再是梦想。

1.3.1 水下仿生机器人的研究意义

21世纪是海洋开发的世纪，水下机器人在海洋环境研究、海洋资源探测和开发等民用领域和海洋军事方面具有广阔的应用前景和巨大的潜在价值，吸引了人们更多的注意力。鱼类的游动方式具有高速、高效、灵活、低噪等特点，其游动和控制姿态的能力是目前任何装备传统的操纵与推进系统的潜水器所无法比拟的，将其应用于水下机器人，将为水下机器人的研究和发展提供新的起点和更为广阔的空间。近年来仿生水下机器人已经成为水下机器人的重要研究方向之一。

1.3.2 水下仿生机器人的分类

在目前已研制出的仿生水下机器人中，根据其工作状态一般可分为有缆水下机器人和无缆水下机器人两大类；根据其所模仿水下生物的运动方式，可分为仿生鱼水下机器人、仿多足爬行动物水下机器人和仿蠕虫水下机器人。

1.3.3 水下仿生机器人的发展趋势与展望

仿生水下机器人运动灵活、能量利用率高，但仍面临很多问题，比如能量提供、防水、下潜深度小等诸多问题。目前，仿生水下机器人仍有巨大的发展空间。

（1）仿生水下机器人驱动装置的优化。传统的驱动装置较多采用电机驱动，但随着形状记忆合金、压电陶瓷、人工肌肉等新型智能材料的出现，将取代电机驱动，从而减小驱动装置的质量和体积，增大有效载荷和可利用空间。

（2）仿生水下机器人运动机理的不断完善。随着科学家对深海运动生物游动机理的研究，以及驱动装置的不断优化，结合新颖的耐压机制，未来的仿生水下机器人可以实现大潜深，游动效率将更高，运动也会更加灵活，可以和真正的海洋生物相媲美。

（3）仿生水下机器人个体智能化发展。目前所研制的仿生水下机器人基本处于人工控制阶段，那么随着人工智能、自动控制、计算机技术等多种学科的进一步发展，个体仿生水下机器人将具备以下的智能功能：信息交互能力，环境感知能力（包括自身深度、游动速度感知、障碍物检测等），紧急情况下可实现自我保护，如躲避障碍物或电力不足时可自动上浮或返航等。

（4）群体仿生水下机器人的发展。单体的力量很弱小，游动动作很简单，但作为一个群体，鱼类在攫取食饵、逃避敌害、群体洄游等方面表现出较强的群体力量。同样，单个仿生水下机器人的活动范围和能力也是非常有限的，但是今后的仿生水下机器人将在复杂环境下进行水下作业、海洋监测、海洋生物观察和军事侦察等艰巨的工作。因此，具有高机动性、高灵活性、高效率、高协作性的群体仿生水下机器人系统将是未来发展的趋势。

1.4 仿生机器鱼

1.4.1 概述

随着人类的发展，对资源的需求不断增加，陆上资源也日益紧缺，于是人类把目光投向海洋。21 世纪是海洋开发的世纪，水下机器人在海洋环境研究、海洋资源探测、海洋军事等方面具有广阔的应用前景和巨大的潜在价值，吸引了人们更多的注意力。20 世纪中期以来，随着科技的发展，机器人技术得以开展并飞速进步。世界上许多国家，都非常重视机器人技术的研究，将机器人作为一个重点研究项目而大力发展。但当前水下机器人多采用传统的螺旋桨作为推进器，其体积大、质量重、能耗高、综合效率低、可靠性差、瞬时响应有严重的滞后现象、运动灵活性能差，并且伴有较大的噪音和尾涡。螺旋桨效率低也是水下机器人能源瓶颈的重要原因之一。螺旋桨推进器的这些缺点不利于开发具有大范围转移能力和高机动性的水下机器人。为克服螺旋桨推进器的这些缺陷，适应未来水下机器人技术发展的要求，人们在开发新能源的同时，也在积极寻找性能更加优良的新型推进方式。

鱼类作为自然界最早出现的脊椎动物，经过亿万年的自然选择进化出了非凡的水中运动能力，既可以在持久游速下保持低能耗、高效率，也可以在拉力游速或爆发游速下实现高机动性，鱼类在水中运动的完美性吸引生物学家研究鱼类的运动机理，机器人学者则希望制造出和真鱼一样的人工机器鱼。仿生机器鱼可以进行长时间、大范围、工况较复杂的水下作业，可以用于机动性能要求较高的场合，进行海洋生物考察、海底勘探和海洋救生等许多场合。鉴于仿生机器鱼的诸多优点，国内外学者越来越重视新型仿生机器鱼的研究与开发，取得了很多阶段性的成果，设计了各种各样的仿生机器鱼样机，机器鱼的理论和实验研究已渐显规模。

水下机器人按其作业方式可分为遥控水下机器人（Remotely Operated Vehicle，ROV）和自主水下机器人（Autonomous Underwater Vehicle，AUV），其中自主水下机器人因其活动范围大、智能水平高、作业费用低等优点，代表了未来水下机器人技术的发展方向。自主水下机器人一般具有类似鱼雷的水动力学外形，采用螺旋桨推进器产生推进力，利用多个控制面进行机动运动。采用这种设计的自主水下机器人存在着推进效率低，机动性能差，对环境扰动大等缺点，极大地限制了其在狭窄、复杂和动态环境中的应用。为了克服上述缺陷，适应未来海洋开发与探索的需求，有必要寻找更加优良的新型水下推进方式。

鱼类和鲸豚类等海洋生物经过亿万年的自然选择与环境适应，进化出了集体推进和姿态控制于一体的游动机制，获得了非凡的水中运动能力，其游动的高效率、高机动性以及良好的隐蔽性都是目前装配有传统操纵与推进系统的水下机器人所无法企及的。例如，依靠身体和鳍的协调运动，鱼类的推进效率可以达到80%以上，而普通螺旋桨的推进效率只有40%～50%；鱼类可在无需减速的情况下以10%～30%体长的转弯半径进行机动运动，而船舶只能以3～5倍体长的转弯半径进行缓慢回转。随着人类对鱼类游动机理认识的不断深入以及计算、控制、传感、材料等相关技术的发展，越来越多的科研工作者展开了仿生鱼类推进水下机器人的研究，从形态、结构、功能以及控制等方面对鱼类进行模仿和学习，希望能够实现集高效、灵活和隐形于一体的新型水下机器人。

1.4.2　机器鱼的定义与分类

由于机器人的结构和功能大都以模仿人类和生物为目标，作为机器人大家族中的一员，机器鱼的研究以模仿自然界鱼类游动的高效性、快速性、高机动性、低噪声以及鱼类与周围流体相互作用的涡控制（Vorticity Control）机制为目的。经过亿万年的自然选择，鱼类的形体几何参数、组织系统结构和皮肤构造机理符合流体力学特性，能很好地适应水生环境。鱼类在水中的自主游动，其速度或效率不能说已达到了最优，但其整体性能却接近最优。无论是结构仿生还是功能仿生，机器鱼也只能部分复现或接近鱼类的部分特征。

仿生机器鱼（Bio-Mimetic Robot Fish 又名机械鱼、人工鱼或鱼形机器人），顾名思义即参照鱼类游动的推进机理，利用机械电子元器件或智能材料（Smart Material）来实现水下推进的一种运动装置。从仿生的角度来说机器鱼的推进运动是基于鱼类的游动技能及其解剖学结构：波动或摆动的鱼体、控制自如的鳍和大展弦比的月牙尾。

按照推进模式、体积和驱动方式的不同，机器鱼可以分为以下不同的种类。

1. 按鱼类游动推进模式分类

鱼类的形态以及游动模式多种多样，从游动的时间特征可分为周期性运动和瞬时运动，前者常见于鱼类长距离游动，而后者主要用于鱼类捕食和逃避敌害，包括快速启动、迅速逃逸和机动转弯等。对鱼类游动的推进模式和推进机理的研究是仿生机器鱼研究的理论基础。在自然界，为了适应环境，鱼类进化出各式各样的运动形式，如游动、潜伏、滑翔、射流反冲推进等。对流体力学和生物学者来说，其兴趣主要在于鱼类游动的周期性运动。1926 年 Breder 首先对鱼类游动的推进模式进行了分类，为以后的鱼类推进机制分类奠定了一个框架。1984 年，Webb 根据鱼类推进所使用的身体部位的不同，将鱼类游动的推进模式分为两类：身体/尾鳍推进模式（Body and/or Caudal Fin，简称 BCF）和中央鳍/对鳍模式（Median and/or Paired Fin，简称 MPF），按照这种分类方法机器鱼可以分成两大类：BCF 式和 MPF 式。

按照鱼类推进运动的特征，机器鱼可以分为波动式机器鱼和摆动式机器鱼。波动式是指在游动过程中整个推进结构都参与了大振幅的波动，并且在推进长度上至少提供一个完整的波形。摆动式是指推进结构绕着基体转动，并不呈现波的形状。一般来说，波动式常指身体波动式，摆动式常指尾鳍摆动式。相对于尾鳍摆动式而言，身体波动式推进效率较低，但机动性较好。而尾鳍摆动式具有很高的推进效率，适于长时间、长距离巡游，不足之处是机动性较差。

此外，从机器鱼推进器的设计和应用出发，按照鱼体的形态及运动形式，机器鱼又可以分成鳗鲡模式（Anguilliform Mode）机器鱼、鲹科模式（Carangiform Mode）机器鱼、鲹科加月牙尾推进（Thunniform Mode）机器鱼、箱鲀科模式机器鱼和胸鳍摆动/波动式机器鱼。前三种模式的主要区别在于产生推进运动的身体波（Body Wave）的特征不同，下面分别对不同模式介绍如下。

（1）鳗鲡模式是指整个鱼体从头到尾都作波状摆动，鱼体至少呈现一个完整的波形，而且波幅基本不变，其特点是行进单位距离所需能量最少。

（2）鲹科模式的波动主要集中在身体后 2/3 部分，向后摆幅急剧增大，鱼体后段逐渐缩小，形成尾柄，并连接尾鳍，推进力主要由具有一定刚度的尾鳍产生，依靠刚性、高展弦比尾鳍的大幅摆动实现高速和高效推进，推进速度和推进效率较鳗鲡模式高，在速度、加速度和可控性三者之间有最好的平衡。

（3）在鲹科加月牙尾推进中，鱼的前体基本失去柔性，推进运动仅限于身体后 1/3 部分，特别是尾鳍至尾柄处。通过具有一定刚度、高展弦比尾鳍的运动，鱼体产生超过 90% 的推进力。该模式适于长时间高速巡游，海洋中游速最快的鱼类如鲨鱼和金枪鱼几乎都采用该推进模式。快速（巡游速度高达 20 节）和高效推进（流体推进效率高达 80% 以上）的优点，使鲹科加月牙尾推进成为仿生推进研究的热点。

（4）箱鲀科模式的尾鳍运动为钟摆式摆动，具有刚性的鱼体且采用 MPF 运动产生主要的推力，尾鳍的运动起辅助推进作用，其游速和效率不高，但是具有良好的稳定性和机动性能。

（5）胸鳍摆动/波动式推进所产生的推进力和推进效率最低，大部分鱼类主要通过胸鳍的摆动/波动来提高游动的机动性或作辅助推进。

BCF 游动模式是机器鱼研制的主要模仿对象，除了 RoboTuna 可以作为 BCF 游动模式机器鱼的典型代表外，其他具有较大影响力的 BCF 游动模式机器鱼包括：Anderson 等开发的涡控制无人水下机器人 VCUUV(图1. 7(a))，日本运输省船舶技术研究所研制的具有不同功能和形态的一系列机器鱼(图 1. 7(b))，Liu 等研制的用于娱乐和观赏用途的机器鱼(图 1. 7(c))，Morgansen 等开发的采用尾鳍驱动的灵活机动的机器鱼(图1. 7(d))，北航机器人所研制的用于水下考古的 SPC - Ⅱ仿生机器鱼(图1 - 7(e))等。

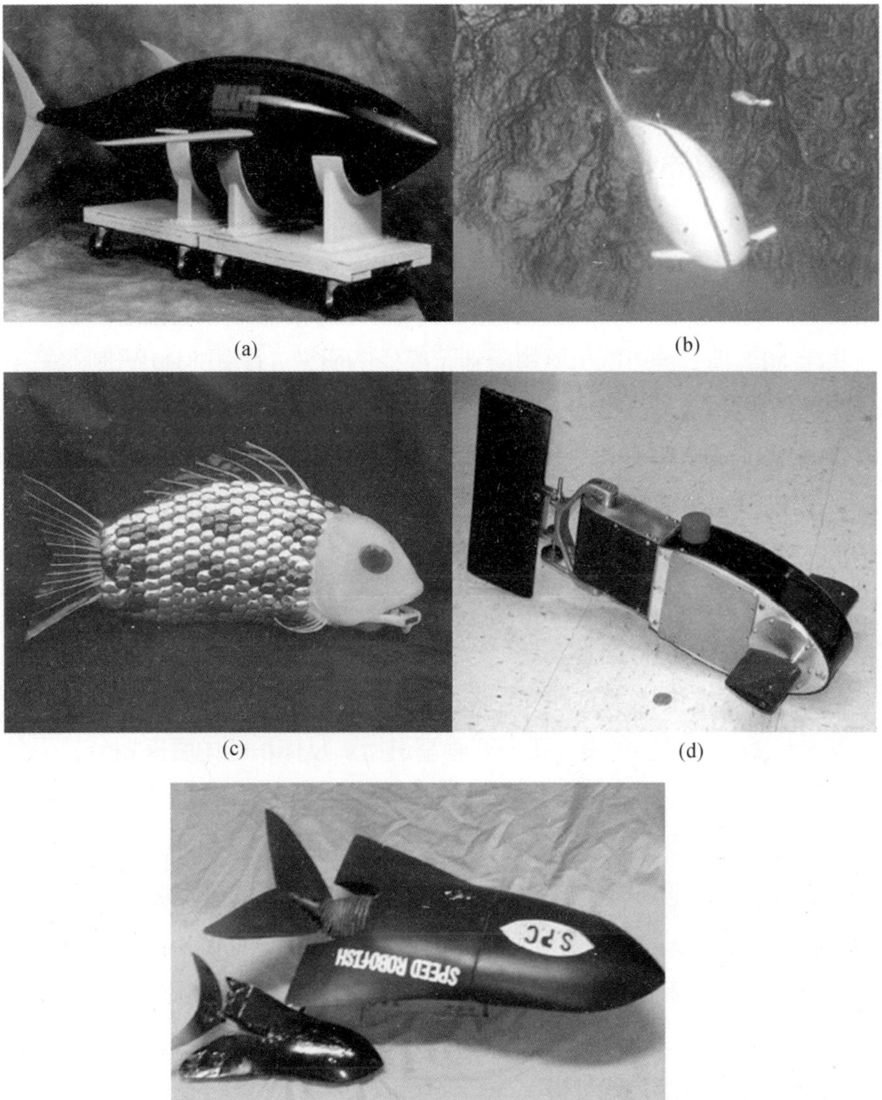

图 **1.7**　采用 **BCF** 游动模式的机器鱼

MPF 波动分为鳐目模式、刺鲀科模式、电鳗背鳍模式、电鳗臀鳍模式和鳞鲀科模式。鳐目模式通过大型柔软的三角形胸鳍的竖直波动产生推进力，常见于鳐鱼、蝠鲼等，其运动类似于鸟类的飞翔；刺鲀科模式的推力来源于胸鳍的左右波动，胸鳍上可见两个完整的波形，且波动常伴有拍翼运动；电鳗背鳍模式靠背鳍的波动进行游动，且身体保持笔直状态；电鳗臀鳍模式可看作将电鳗背鳍模式的背鳍布置在鱼体的臀部形成的；鳞鲀科模式采用背鳍和臀鳍的波动产生推进力。

MPF 摆动分为隆头鱼科模式和鲀目模式。隆头鱼科模式采用胸鳍的摆动实现推进，而鲀目模式靠背鳍和臀鳍的同相或者反相摆动产生推进力。

采用 MPF 模式推进的机器鱼得到了广泛的研究，比如 Kato 研制的采用胸鳍推进的机器黑鲈（图 1.8(a)），Low 开发的采用柔软波动鳍推进的机器鱼（图 1.8(b)），Tangorra 等开发的用于无人水下机器人上的仿胸鳍推进器（图 1.8(c)），Palmisano 等研制的基于可控胸鳍的机器鱼（图 1.8(d)），北航机器人所研制的采用摆动翼推进的仿蝠鲼机器鱼（图 1.8(e)），以及 Suzumori 等开发的采用气动橡胶驱动的仿蝠鲼机器鱼（图 1.8(f)）。

2. 按机器鱼体积分类

目前，仿鱼推进技术的研究虽然还未达到实用程度，但各种各样针对理论研究和性能验证的机器鱼设计正在实验室进行。从体积的角度来划分，可分为常规机器鱼和微小型机器鱼。常规机器鱼的研究与开发，旨在设计一种快速、高效、可操纵的水下推进装置，试图在水下潜行器和水下机器人领域取代螺旋桨等常规推进器。随着微机电系统（MEMS）的发展，仿鱼类微型泳动推进装置成为越来越受到关注的前沿研究课题之一。液体中泳动微机器人的研究，将为液体微管道机器人提供一种重要的形式，同时也为血管机器人的研究提供基础。

3. 按机器鱼驱动方式分类

按照驱动方式的不同，国内外现已开发的机器鱼可分为两类：一类是采用液压、电磁马达等常规驱动元件的机器鱼；另一类是采用智能材料，如形状记忆合金（SMA）、压电陶瓷（PZT）和采用特殊发动机，如半自由活塞型斯特林发动机等特殊驱动元件驱动的机器鱼。

作为鱼类推进机理和工程技术的结合点，仿生机器鱼是包含水动力学控制

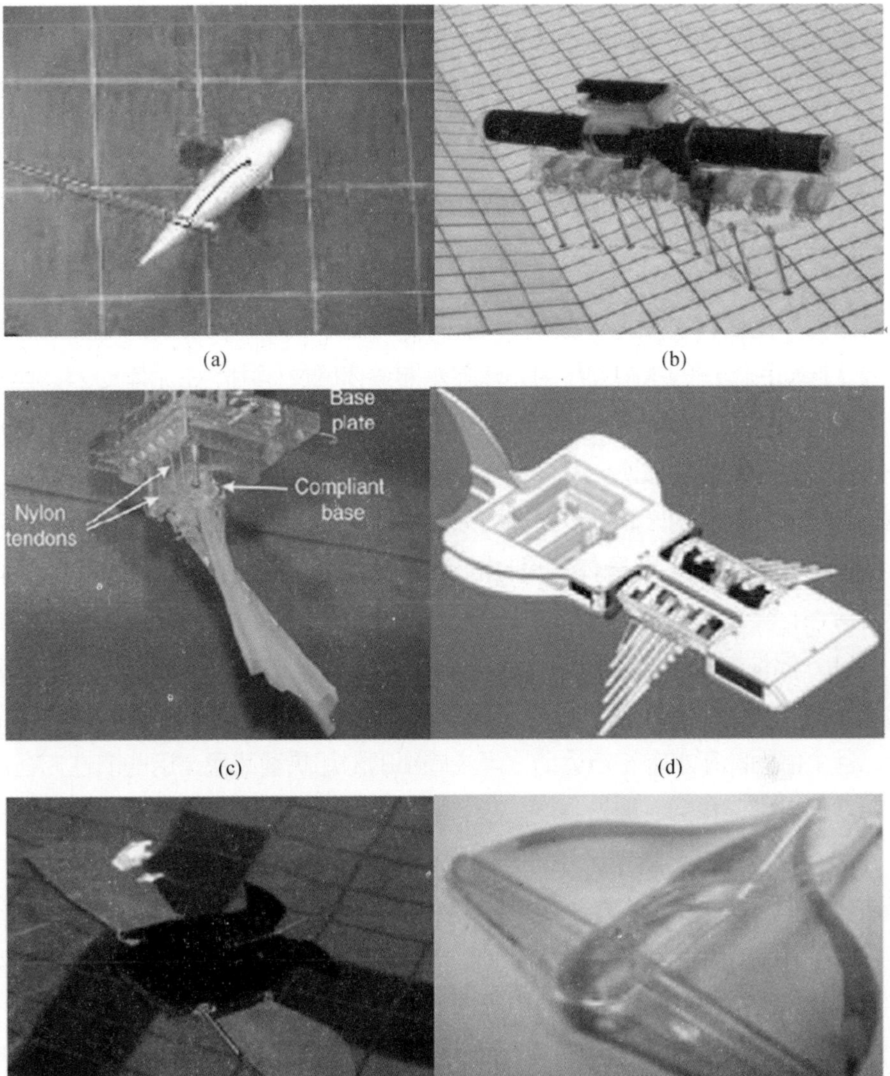

图 1.8　采用 MPF 游动模式的机器鱼

和机器人技术的多学科问题。有关鱼类的科学性研究，最早可以追溯到希腊学者亚里士多德，而真正意义上机器鱼的出现是近十年的事。由于鱼类游动方式包含着深刻的生物学和流体力学机理，涉及仿生学、材料学、控制技术、制造技术、群体行为学等，机器鱼作为一种新生事物，其发展有赖于多学科的交汇融合、协同努力。

1.4.3 鱼类波状游动的生物流体力学

由于 BCF 游动的速度和效率较高，建模与实验相对容易，因此对鱼类游动流体力学的研究主要集中在 BCF 游动上。采用 BCF 游动模式的鱼类通过鱼体波状摆动与周围的水相互作用，依靠水对鱼体的反作用产生流体动力，其中沿着鱼游方向的分量便是鱼的推力。在流体力学中用雷诺数（$Re = Ul/\gamma$）来表示惯性力与黏性力之比，其中 U 是游速，l 是体长，γ 为运动黏性系数。在鱼游的雷诺数范围内（104 ~ 108），惯性力起主导作用，而黏性力仅限于边界层和尾迹区。鱼类采用身体和尾鳍的波状摆动获得的推力主要包含以下几部分。

（1）惯性力作用：当物体在水中运动具有加速度时，它必须因改变水的动量而受到反作用，称之为附加质量效应，是一种惯性力。当鱼体横向摆动时，各个截面都在水中左右运动，产生局部的附加质量效应，这些惯性力在前进方向的投影之和构成推力。

（2）前缘吸力：当水流过鱼体上曲率很大的钝前缘和尾鳍前缘时，局部流速增大，形成低压区，产生前缘吸力，构成一部分推力。

（3）尾涡作用：鱼尾往复摆动时，将边界层的涡量脱泻出旋涡，在尾迹中形成反卡门涡街。由于尾流形似向后的喷流，对鱼体的反作用即为推力。

（4）月牙尾的升力作用：鲹科的月牙尾推进模式，其推力主要来自大幅摆动的月牙尾，这相当于一个非定常机翼同时作沉浮振动和俯仰振动，其俯仰角可达 40°以上。月牙尾可利用大攻角下振动机翼的动态过失速特性产生高升力，从而在游动方向上获得高推力。

鱼类通过身体和鳍的波状摆动获得推力的同时，必然会受到阻碍其运动的水的阻力。鱼类在水中游动时受到的阻力包括：

（1）表面摩擦阻力：由水所具有的黏性以及较大的速度梯度引起，其大小取决于湿润面积和鱼游速度。

（2）形状阻力：其大小主要取决于鱼的外形，为了减小形状阻力，大多数游得快的鱼都具有流线型的外形。

（3）诱导阻力：当胸鳍和尾鳍产生推力和升力时，它们产生的涡会引起能量损失，损失的大小取决于这些鳍的形状。

其中，形状阻力和诱导阻力合称为压差阻力。英国学者 Gray 在 1936 年对一个刚性海豚模型在水中运动时所需的功率作了估计，发现海豚肌肉所能够提供的功率是所需功率的 1/7，其推理是海豚必然存在很重要的减阻机制，但其有待揭示。人们将海豚的减阻之谜推广到整个鱼类，称为 Gray 悖论。关于鱼类的减阻机制的研究，除了鱼体本身的低阻外形的研究之外，还进行了以下研究：边界层流动控制、鱼体表面黏液的减阻作用以及鱼体表皮的柔顺壁作用。另外，MIT 的机器金枪鱼水池托拽实验表明鱼类善于运用尾鳍进行涡控制，减小无用的能量损耗，达到理想的游动效率。

1.4.4 国内外机器鱼的研究现状

关于仿生机器鱼的研究主要分为两个阶段：20 世纪 90 年代以前主要侧重于基础理论的研究，20 世纪 90 年代以后随着机器人学、新型材料和驱动装置的进步，人们开始机器鱼的研制。目前，对仿生机器鱼的研究主要侧重于两方面：一方面深入探索鱼类高效、快速游动的机理，建立简单、实用的动力学和运动学模型；另一方面，从仿生的角度研制快速、高效、高机动性的机器鱼，揭示鱼类涡控制的奥秘。

1. 国外研究现状

（1）鱼类推进机理研究现状

鱼类游动机理的研究从本质上是对鱼类游动的生物流体力学的研究，探索鱼作为生命机器的力学设计概念和理论，包括神经控制、生物材料性能、推进机制等，其技术手段包括实验测量、数值模拟、理论分析以及活体的观察和解剖等。对鱼类推进模式的研究是仿生机器鱼研制的基础，国外学者很早就致力于这方面的工作。希腊学者亚里士多德在《动物史》一书中就记述了鱼类的构造、繁殖和洄游，并认为所有的鱼都有鳃和鳍，多数鱼类有鳞片、有眼睑、无耳。在以后很长的一段时间里，人类处于逐步认识鱼类和积累鱼类知识的阶段。从17世纪后期起，对鱼类的科学研究有所增加，如从气压的角度对鱼鳔进行研究。1700—1800年间在鱼类研究方面的进展不大，测压装置的进一步改进和照相术的发明推动了鱼鳔的进一步研究。1910—1950年间动物学家和工程学者通力协作，产生了一批富有意义的成果，如Breder对鱼类推进的分类和Gray对鳗鱼和鳕鱼等鱼类运动身体波的研究。1950年前后，数学家加入了研究行列，对鱼类推进的研究由此从定性分析转变为定量分析，建立了相关的力学和数学模型。20世纪60年代到20世纪70年代中期，是鱼类外部流体力学领域富有硕果的时期，以英国的Highthill和美国的T. Y. Wu为代表发表了一系列开创性论文。从20世纪80年代至今，结合计算技术和流场测试手段的进展，对鱼类的推进理论开展了深入细致的研究。表1.1给出了当前国外鱼类推进研究相关的一些研究机构。

表1.1　国外鱼类推进研究

国别	研究单位	研究内容
美国	麻省理工学院的M. Triantafyllou研究组	涡流控制和减阻机制
	北亚利桑那州大学的生物系	鱼类游动行为
	瓦萨尔学院的生物力学实验室	
	加州大学的动物系	鱼类推进数学模型
	拉法耶特学院的数学系	鱼类推进的数学模型
	康涅狄格大学	鱼类游动的结构和功能
	南加州大学	游动和飞行的研究
	宾夕法尼亚大学	鳗状推进
	东北大学的海洋科学中心	鳗状推进
	明尼苏达大学的机械工程系	流体控制
加拿大	渥太华大学	电子鱼项目研究
日本	东海大学的Kato实验室	胸鳍推进
	东京工学院的机械动力学和控制实验室	
	运输省、船舶技术研究所（SRI）	驱动装置机动性研究
	日本大学的Nakamura实验室	鱼类推进

2000年麻省理工学院（MIT）的M. Triantafyllou研究组（以下简称MT）在对鱼类推进机理研究的综述中指出：

①描述鱼类尾迹的三维非定常流动的力学模型尚不完善。

②鱼类游动的高效、高速源自涡控制。MT（1999）将Robotuna放在拖曳水池中做模拟活鱼阻力实验，实验结果表明：如果机器鱼处于低效率推进时，“活”鱼的阻力会比死鱼大许多；只有当机器鱼的波状游动处于最佳推进效率范围，“活”鱼才会大大减阻，相对于死鱼可减阻50%以上。减阻的原因在于鱼善于利用尾鳍进行涡控制，从而达到理想的推进效率。对拍动翼（主要模仿鲹科加月牙尾推进模式）的推进性能研究发现，影响其推进性能的参数主要有5个：

（a）沉浮振幅与翼弦长度之比；

（b）名义攻角，即沉浮引起的气流偏角与俯仰角之差的最大值；

（c）沉浮与俯仰两种振动的相位差；

（d）无量纲频率（斯德鲁哈尔数St，$St=fA/U$，此处f是振动频率，A是尾迹宽度，U是前进速度）；

（e）俯仰轴在翼弦上的相对位置。从游动显示的尾迹形态来看，当尾迹呈现反向卡门涡街形态时，推进效率将会上升。

③尾迹的反向卡门涡街形态可以采用量化的三维粒子影像测速法（DPIV）观测，或采用数值仿真方法计算。

④鱼类游动的快速性、高效性和身体的“C”形运动有关。

随着鱼类推进机理研究的深入和机器人技术的发展，1994年MT研究组成功研制了世界上第一条真正意义上的仿生金枪鱼。此后，结合仿生学、机械学、电子学、材料学和自动控制的新发展，机器鱼研制渐成热点，表1.2给出了国外一些典型的机器鱼研究项目。

从表1.2中可以看出，美国和日本进行的机器鱼研究比较多，取得的成果也比较多。国外仿生机器鱼的研究发展趋势是利用新材料、新技术，对机器鱼的结构不断改进；结合水动力学研究的进展，提升机器鱼的综合性能，使之更加符合鱼类的推进机理。在此基础上，开始研制具有3D运动（上浮/下潜）的机器鱼，并且结合传感和控制技术研制人机交互式的智能鱼。

表 1.2　国外仿生机器鱼研究

国别	研究单位	研究内容
美国	MIT	第一条机器鱼 Robotuna（1994 年） Robotuna 改进版 Pike（1995 年） Robotuna 最高版 VCUUV（1998 年） 拍动翼研究
	中佛罗里达大学	微电子机器鱼（应用 SMA 技术）
	德州农工大学	仿生驱动材料研究
	东北大学海洋科学中心	仿生水下机器人项目（鳗鲡目推进）
	波士顿大学	机器鱼推进建模
	加州理工学院	机器鱼推进的传感和控制
	新墨西哥大学	鳗状游动（IEM 驱动）
	伊利诺伊大学	电子鱼研究项目
	乔治华盛顿大学	可控胸鳍的机器鱼
	加州大学伯克利分校	机器鱼（CALibot）
新加坡	南阳理工学院	柔软波动鳍推进的机器鱼
英国	赫瑞瓦特大学	机器鱼智能体研究
	剑桥大学	两个自由度的机器海龟
日本	岗山大学	仿蝠鲼机器鱼
	东京大学的 Kato 实验室	人工胸鳍黑鲈（Blackbass）
	名古屋大学	微型水下仿胸鳍模式浮游机器人（压电陶瓷驱动） 微型身体波动式水下推进器（形状记忆合金驱动）
	Takara 公司	机器鱼、机器水母（宠物鱼）
	三菱重工	机器鱼 Mitsubishi Animatronics（宠物鱼）
	运输省船舶技术研究所（SRI）	PF-300PF-600S-FPSE200PF- 700UPF-2001 PF-200（上浮/下潜）PF-550（上浮/下潜）

2. 国内研究现状

20 世纪 80 年代中后期，中国科技大学的童秉纲和程健宇采用半解析半数值的方法，提出了三维波动板理论（3DWPT），得到了国际上鱼类生物力学研究群体的广为运用和认同。1994 年华中理工大学开展了柔性尾鳍推进装置的实验与理论研究，初步探讨了尾鳍参数与推进效率之间的关系，并对鱼形机构的尾鳍部分进行试水试验，以验证鱼形机构的可行性。哈尔滨工程大学在国防基金的支持下，开展了仿生机器章鱼的研究，其主要目的是用于辅助打捞沉船，近期他们又研制了一条仿生金枪鱼。哈尔滨工业大学在国家自然科学基金的支持下，开展了水下机器人仿鱼鳍推进机理的研究，建立了利用弹性组件提高驱动效率的实验平台。中科院沈阳自动化研究所制作了两关节的仿生机器鱼模型。北京航空航天大学机器人研究所深入开展了仿鱼机器人（潜水器）技术的研究，提出了波动推进理论及其分析方法，设计研制了游动速度为 0.6m/s 的仿生“机器鳗鱼”实验模型；2001 年 3 月又研制了仿生“机器海豚”，并在北京航空航天大学水洞实验室内进行了速度、功率参数测定实验、鱼体流动显示实验和鱼体运动阻力测定实验，获取了鱼的摆动推进深层次机理。2001 年中科院自动化所复杂系统与智能科学重点实验室和北航机器人所联合开展了“多微小型仿生机器鱼群体协作与控制的研究”，旨在为未来复杂、动态水下环境中多仿生机器人系统控制和协调作业提供理论基础和技术支持。北京大学智能控制实验室开展了一系列的水下仿生机器人的研究工作，继成功研制仿生机器鱼后，又先后开发了实现背腹式运动的仿生机器海豚(图 1.9(a))，采用两自由度划水运动的机器海龟(图 1.9(b))，基于桨腿复合机构的水陆两栖机器人(图 1.9(c))以及胸鳍和尾鳍驱动能自主定位的仿生盒子鱼(图 1.9(d))。采用多个在身体周围分布的仿生拍动翼进行推进，可实现较为灵活、自如的水下运动，同时能够保证机器人具有良好的稳定性。

目前，国内从事鱼类推进机理研究和机器鱼相关研究的研究机构较少，整体说来，国内仿生机器鱼及相关研究尚处于起步阶段，呈现以下特点：

（1）偏重于复杂的水动力学分析，未能与鱼类的推进很好地结合起来；

（2）机器鱼结构简单、外形简陋、综合性能较低；

（3）仿鱼推进技术、传感技术以及控制技术的融合、集成发展程度不高，机器鱼的智能性不强；

图 1.9　各种仿生机器鱼

（4）控制问题研究少，机器鱼的运动控制和多机器鱼的协调研究起步较晚。

1.4.5　机器鱼的主要研究内容和发展方向

仿鱼推进技术无论从推进机理还是从实现形式都完全不同于传统的螺旋桨推进技术，兼具快速性和高效性，已成为水下推进领域的研究热点。从 1990 年至今，人们已提出了各式各样的仿生机器鱼设计和控制，并开始了仿生机器鱼样机的研制。机器鱼研究是一种多学科交叉的研究领域，其涉及的主要学科有仿生学、流体动力学、自动控制科学、材料科学、机械电子学等。由于机器鱼在水中运动的水动力学和运动学模型尚不完善，可供借鉴的研发经验也比较少，要实现机器鱼的制造及控制有相当难度。

从近期来看，机器鱼研究要解决的具体问题应包括如下内容。

1. 鱼类推进理论模型的研究

鱼类推进运动学模型和水动力学模型的建立是仿鱼推进器设计的基础，流体力学家提出的鱼类波状游动的流体力学模型计算量大、过于繁琐，很难应用于实际设计中。从现有的文献来看，完善的、适于控制的水动力学的模型尚未建立。根据鱼类游动推进的形态学和运动学特征，建立精确的、定量的描述能推进运动和适于控制系统设计的运动学及动力学模型，将加快仿鱼推进技术的应用步伐。

2. 机器鱼机械结构的探索

在鱼类的进化过程中，不同的环境进化出不同外形和种类的鱼。在机器鱼的设计过程中，如何选择合适的材料和驱动动力，并结合鱼类的推进机理来提取合适的形态参数和运动参数，实现机器鱼的机构最优、推进效率最高已成为机器鱼研制的关键。

3. 探索推进速度、运动方程、效率、功率的相互关系

鱼类在游动过程中，通过摆动尾鳍产生合理的流场来获得推力，这一过程伴随有非定常涡的产生，从这个意义上，仿鱼推进技术的核心问题是涡控制。在自然界，鱼类通过身体的侧线感知周围流场的情况，并且动态地调整身体的形状使阻力最小、推力最大。而由鱼体和尾鳍构成的刚性系统在流体环境中运动时产生的动力学和流体力学耦合问题，现在仅停留在实验测量阶段。如何将实验测量和理论分析结合起来，探讨机器鱼游动的推进速度、运动方程、效率、功率等方面的客观规律，可为其运动控制提供理论基础及方法指导。

4. 机器鱼的控制性能研究

在运动过程中，由于机器鱼的形状动态改变，可引起流体的附加质量效应，因此很难使鱼体保持平衡。对于机器鱼运动过程中的推进和稳定性的矛盾，我们认为应当遵循“稳定第一、控制第二、推进第三”的原则。合理、有效的控制是连接稳定性和快速性的桥梁。随着传感技术和控制技术的发展，把视觉超声和姿态传感器集成到机器鱼本体上，利用多传感器信息融合来提高机器鱼与环境的交互能力，从而实现机器鱼的自主控制，将大大提高机器鱼对环境的适应性，拓宽机器鱼的应用范围。

从控制的角度来看，对装备有各种传感器的机器鱼的控制性能研究应

包括：

（1）定位与导航技术研究

目前，机器鱼大都在 2D 平面运动。当具有上浮/下潜功能后，无疑会增加机器鱼的运动范围，同时也增大了控制难度。无论是机器鱼单体还是群体，一旦步入应用阶段，定位与导航将是不容回避的难题。在 2D 环境中，利用视觉导航或 GPS 导航或许是一种有效的方法。在 3D 环境中，可利用声呐、视觉等来获取环境信息。针对部分未知或完全未知环境，如何从大量信息中快速、准确识别环境和目标将是制约机器鱼快速性、机动性发挥的关键，也是下一步研究的主要目标。

（2）游动控制算法的研究

机器鱼的游动控制包括速度控制和方向控制。在运动学和动力学模型尚不完善的情况下，参照鱼类推进的理论模型，在水动力学研究和实验的基础上进行机器鱼的智能控制算法研究，可增加机器鱼的可控性和机动性。

（3）多机器鱼的协调协作研究

按照多智能体理论，建立多机器鱼分布式控制系统，在此基础上，开展多鱼协调游动的水动力学模型、多机器鱼协调运动、队形控制等一系列关键技术的研究，可为未来实用型机器鱼的群体协作提供必要的理论和技术支持。此外，从航运的角度来看，仿鱼推进方式要想取代传统推进方式就不得不考虑舒适度的问题。如何进行鱼体头部和推进方向的协调控制，如何在尾部波动/摆动方式下保持整体的平稳度，在现有文献中均未见报道。

1.4.6　机器鱼的研究目的、意义

21 世纪是人类开发海洋的世纪。随着陆地资源的日益枯竭，人们把目光投向了拥有丰富资源和巨大开发价值的海洋。随着海洋开发需求的增长及技术的进步，适应各种非结构化环境的水下机器人将会得到迅猛发展。仿生机器鱼作为一种结合了鱼类推进模式和机器人技术的新型水下机器人，与传统的基于螺旋桨的水下航行器相比，具有以下优点：

（1）推进效率高，采用仿生推进器比常规螺旋桨推进器的效率可提高 30% 以上，从而可节省能源，延长水下作业时间，提高续航能力；

（2）机动性能高，通过身体和鳍的协调运动，可提高快速启动、上升下潜、悬停定位以及机动转弯的性能，增强了在复杂水下环境中的作业能力；

（3）隐蔽性能好，采用仿生波动式或摆动式运动，其尾流与鱼类相似，对环境扰动小，很难被水下声呐装置探测；

（4）仿生性能良好，仿生机器鱼不论在外形还是游动方式上都与自然界中的鱼类相同，对海洋生态的影响较小。

针对上述优点，仿生机器鱼在以下领域可得到广泛应用。

（1）可在要求作业时间长、范围大，但本身承载能力或承载空间有限，不能加载太多能源的场合，如环境监测、军事侦察等。

（2）要求机动性能高的场合或空间狭窄、空间结构复杂的场所，如管道检测，因管道内部结构复杂，因此采用微小型机器鱼可较好地完成作业任务。

（3）海洋生物观察。常规螺旋桨推进器噪声大、对环境扰动大，使水下运动装置很难接近所要观察的海洋生物，采用静音驱动的机器鱼有望解决这一难题。

（4）海底勘探及海洋救捞。采用仿生推进方式可以容易地进入环境复杂的海洋空间，如沉船内部、珊瑚礁群，可完成常规潜水器所不能完成的作业任务。

（5）军用方面。一方面，利用仿鱼推进技术可制造小型潜航武器、无人驾驶仿生袖珍潜艇。该袖珍潜艇比传统潜艇具有更高的机动性和可操作性，可直接进行水下侦察，发现敌方雷区，跟踪及摧毁敌方潜艇。另一方面，由于机器鱼体积小、成本低、机动性好，可以由水面舰艇、潜艇及飞机等大量携带，成群投放，将在攻击、侦探和扫雷等方面发挥重大作用。此外，可利用机器鱼体形小、不易被声呐所探测的特点，平时化整为零在特定海域游弋，当遇到敌方舰队时迅速集结，重点攻击，以较小的代价重创敌方。

（6）娱乐方面。目前，新的机器人技术正越来越多地应用于玩具制造业。自 1999 年 6 月日本索尼公司推出“Aibo”机器狗，“机器宠物”的概念便风靡全球。2000 年 3 月，在东京玩具展览会上，日本第三大玩具制造商 Takara 公司展出了一系列机器鱼“Aquaroid Fish”，包括机器水母和机器蟹。2001 年 1 月，三菱重工（MHI）开始生产面向市场的机器鱼“Mitsubishi Animatronics”，该鱼仿照一种已经灭绝的腔棘鱼外形制造，是世界上第一条采用无线控制的“宠物鱼”。随着制造工艺的进步和技术创新，“宠物鱼”将以优美的造型和低廉的价格走向市场。

随着机器人应用领域的扩展和任务复杂性的增加，单体机器人在信息获取、处理以及控制等方面往往显得力不从心。受多智能体系统和生物群体智能的启发，人们已开始考虑使用多个机器人组成的群体通过协调、协作来完成单体机器人无法或者难以完成的工作。经过二十多年的发展，研究者们对多机器人协作系统的体系结构、协作与协调策略、通信机制、学习和演化等方面进行了大量的研究，并产生了多种典型的协作任务来验证算法的有效性，如动态环境下的队形保持与控制、机器人足球比赛、协作物体搬运以及协作探索与地图创建等。

多机器人系统比单机器人系统具有更强的优越性，主要表现在以下几个方面：

（1）相互协调的 n 个机器人的能力可以远大于一个单机器人能力的 n 倍，可以实现单机器人系统无法实现的复杂任务。

（2）设计和制造多个简单机器人比单个复杂机器人更容易、成本更低。

（3）使用多机器人系统可以大大节约时间，提高效率。

（4）多机器人系统的并行性和冗余性可以提高系统的柔性和鲁棒性。

（5）利用多机器人协作系统的优点，可采用多个仿生机器鱼组成多机器鱼协作系统，以完成单个机器鱼无法或者难以完成的复杂水下任务。例如，采用多个机器鱼可以组成水下移动传感器网络，进行长期的海洋环境监测；利用多机器鱼协作系统进行水下搜救，可大大提高效率和找到目标的概率。另外，采用多个形似且神似的机器鱼混入鱼群，还能够对鱼类的集群行为进行人为的操纵与控制，为揭示和验证鱼类群体智能提供一种有效的技术手段。

鱼类赖以生存在水中，经过长期的自然选择，进化出了性能完备的游动机能和器官。随着流体力学、材料学、传感技术和控制技术的不断融合发展，根据 MAS 理论开发具有不同性能的智能机器鱼，使机器鱼像鱼一样游动，使机器鱼群体像鱼群一样相互协调的愿望将逐渐变为现实。

第2章　仿生学基础

2.1 引　　言

鱼类在水中通过身体和鳍的协调运动，获得了很高的推进效率和非凡的灵活性，其性能令常规螺旋桨推进无法比拟。目前研究认为，鱼类采用波状摆动来获得推力，主要是由以下三个因素产生。

（1）尾涡作用：鱼尾往复摆动，将边界层中的涡量脱泻出旋涡，形成向后喷射的反向卡门涡街，对鱼体的作用力即为推力。

（2）惯性作用：与空气介质不同，物体在水中加速运动时，必须改变水的动量，同时受到反作用力，即附加质量效应。当鱼体作侧向摆动时，各个截面都在水中左右运动，产生局部的附加质量效应。这些惯性力在前进方向上的投影和，构成了向前的推力。

（3）前缘吸力：当水流过鱼体上曲率很大的钝前缘和尾鳍前缘时，局部流速增大，形成低压区，产生前缘吸力，也产生了部分推进力。

鱼类游动推进模式的研究是机器鱼运动学建模、控制系统设计以及结构设计的基础。而对于鱼类的推进，国内外学者很早就致力于这方面的研究，不少文献对鱼类游动的相关理论和实验研究都作了全面的综述。但由于鱼类在水中的运动涉及流体环境的水动力学和鱼体的运动学，在现有水动力学分析的基础上还无法建立起鱼类游动的复杂水动力学模型，因此很难通过解析的方法建立精确的数学模型。

在鱼类推进理论研究方面，Taylor（1952）基于定常流理论来计算鱼游过程中所产生的流体力，这是早期的抗力模型。随后的运动学模型逐渐接近实际的鱼形运动。Lighthill（1960）首次基于“小振幅位势理论”建立了分析鲹科鱼类推进模式的数学模型。Wu（1961）通过潜流理论和线性化边界条件提出了“二维波动板理论”，该理论将鱼视为一薄板，用于分析鲹科鱼类的水动力学特性。Lighthill（1970，1971）将“细长体理论”用于鲹科鱼类的水动力学分析，并考虑了尾鳍任意摆幅的情况，由此提出了“大摆幅细长体理论”。Chopra 等（1977）提出了一种可用于大摆幅、月牙形尾鳍推进的“二维抗力理论”，该理论是对 Hancock（1953）提出的“大摆幅抗力理论”与 Lighthill（1971）提出的“大摆幅细长体理论”的补充。考虑到鱼类游动的生物力学特性和结构的动态特点，Videler 等（1984）针对与身体长度相比其侧向振幅很小的鱼类提出了“薄体理论”。假定鱼沿纵向弯曲刚度为常量，Cheng 等提出了“波动平板理论（1994）”和“动态梁理论”（1998）。Triantfyllou 等（1995，1996）研究发现：在自行驱动的鱼类身体后部有射流形成，这些喷射的涡流在产生推力方面起着重要的作用。Nakashima 等（1996）利用二维离散涡格法对一种仿鱼的三关节弯曲机构进行了数值分析和实验研究。实验研究表明，相位差为零时，推进速度最大，但实际测得的推进速度仅为数值模拟值的 65% ~ 80%。Anderson 等（1998）从实验研究中总结了摆动翼推进中要获得最大推进力的四个条件，分别与 *St*（Strouhal Number，斯德鲁哈尔数）、尾鳍的最大攻角、俯仰幅度和沉浮幅度有关。Read 等（2003）假设推进力是参数沉浮幅度、*St*、攻角、相位差的函数，通过实验手段对推进运动和机动运动中摆动水翼进行了力分析，探讨了对谐波运动叠加俯仰俯角的方法实现机动运动的可能性。Liao 等（2003）通过量化的流场可视化和肌电图手段证实鱼类能利用喷射的涡流来减少肌肉的活动。

尽管这些推进理论的研究为仿生机器鱼的实现提供了理论基础，但如何使鱼类推进理论和机器鱼运动控制结合起来还有大量的工作要做。鱼类作为一种有生命的智能机器，其结构复杂，运动具有高度的柔性、灵活性和适应性。作为这种多自由度柔性体系的对应物，机器鱼的运动应具有可控性和一定的冗余度。在这一点上，仿生机器人的运动学模型和动力学模型与常规机器人有很大差别，且更复杂。由于鱼类的游动涉及复杂的流体力学问题，已有的三维定常流动的力学模型尚不完善，其运动受力很难精确计算，这给基于计算模型的机器鱼游动控制带来了极大的困难。从而，研究鱼类推进的工程化推进模型，实现机构的可控化成为研制仿生机器鱼的关键问题之一。

2.2 机器鱼运动机理与参数描述

2.2.1 鱼体运动与鱼体波函数

鱼类在水中通过身体和鳍的协调运动，获得了很高的游动效率和非凡的灵活性，其性能是常规的螺旋桨推进所无法比拟的。尾鳍摆动推进模式为鱼类最为常见的游动方式。摆动模式中由于身体前三分之二部分仅有很小的波动，可以看作是一个刚性的身体，这部分依靠一个狭长柔韧的区域和尾部连接，这个狭长的区域一般称为尾柄关节，其实也可以看作尾鳍的一部分，这种尾鳍摆动模式中身体的大幅运动主要集中在身体后三分之一部分。鱼类和鲸豚类游动主要靠尾部的波状摆动来获得推进力。实验研究表明，由尾柄部分支撑的尾鳍提供了整个身体运动 90% 以上的推进力，产生的推力主要由四部分组成。

（1）尾涡作用：鱼游动中尾鳍往复摆动，通过实行涡控制，将边界层中的涡量脱泻出旋涡（反向卡门涡街），形成向后的射流，对鱼体的作用力即为推力。

（2）惯性作用：当鱼体作侧向摆动时，各个截面都在水中左右运动，在非定常流动中产生局部的附加质量效应，这是一种惯性力，即 $F = -\frac{D}{Dt}(mV)$，其中 V 表示鱼体横向摆动的速度，m 表示附加质量，侧力 F 与鱼体表面正交。这些惯性力在前进方向上的投影和，构成向前的推力。

（3）前缘吸力：当水流流过鱼体上曲率很大的钝前缘和尾鳍前缘时，局部流速增大，形成低压区，产生前缘吸力，也产生了部分推进力。

（4）月牙尾的升力作用：它相当于一个定常机翼同时作沉浮运动和俯仰运动。大攻角下的振动翼具有动态过失速特性，可产生高升力。月牙尾正是利用了非定常机翼的高升力机制，在游动方向上获得高推力。

鱼类属于脊椎动物种群，其身体由多根脊椎骨相互连接而成，采用尾鳍推进的鱼类在游动时主要通过脊椎曲线的波动来产生推进力。鱼类行为研究学者指出，在柔性身体和摆动尾鳍所产生的推进运动中隐含着由后颈部向尾部传播的行波。该推进波主要表现为脊柱和肌肉组织的弯曲，其幅度由前向后逐渐增加，其传播速度大于鱼体的前进速度，该推进波又叫“鱼体波”，其相应的函数为鱼体波函数。正如 Lighthill 所建议，鱼体波曲线可看作是鱼体波幅包络线

和正弦曲线的合成，它开始于鱼体的惯性力的中心，延伸至尾柄，其曲线方程可表示为

$$y_{\text{body}}(x,t) = (c_1x + c_2x^2)\sin(kx + \omega t) \tag{2.1}$$

式中，y_{body}是鱼体的横向位移（背腹轴），x 是鱼体的轴向位移（头尾轴），k 是波长倍数$\left(k=\dfrac{2\pi}{\lambda}\right)$，$\lambda$ 是鱼体波的波长，$c_1x+c_2x^2$ 是鱼体波波幅包络线函数，c_1 是鱼体波波幅包络线的一次项系数，c_2 是鱼体波波幅包络线的二次项系数，ω 是鱼体波频率$\left(\omega=2\pi f=\dfrac{2\pi}{T}\right)$。如图 2.1 所示为鱼体波函数的坐标系描述。

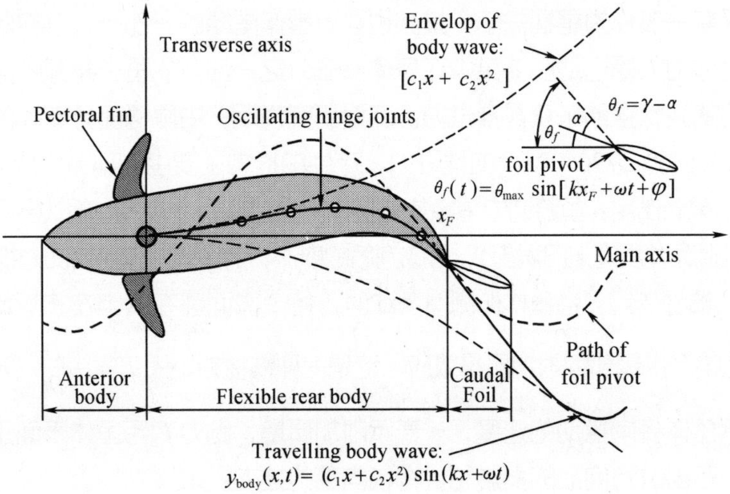

图 2.1　鱼体波函数的坐标系描述

2.2.2　尾鳍运动及其影响参数

大多数鱼类的尾鳍推进模型都是鲹科加新月形尾鳍推进。在该模式的稳态游动中，尾鳍的形状与运动参数对推进力起着重要作用。如图 2.1 所示，尾鳍做如下两个运动的复合运动:

（1）由鱼体波动所产生的侧向平动运动，即沉浮运动;

（2）绕自身摆动轴的摆动运动，即俯仰运动，其幅值为 θ_f。

图 2.2 给出了鱼类在一维稳态游动情况下，尾鳍在一个推进运动周期内的轨迹。当尾鳍由平衡位置向上运动时，尾鳍中心线与游动方向的夹角为最大值

θ_{max}；当尾鳍沉浮运动幅值增大时，尾鳍中心线与游动方向的夹角逐渐减小；当尾鳍沉浮运动幅值最大时（$t = T/4$），尾鳍中心线与游动方向平行；当鱼体反向运动时，尾鳍绕自身尾柄摆动，尾鳍中心线与游动方向的夹角逐渐增大；当鱼体反向运动到平衡位置时（$t = T/2$），尾鳍中心线与游动方向之间的夹角达到最大值 θ_{max}；当鱼体反向运动到幅值最大时（$t = 3T/4$），尾鳍中心线又与游动方向平行。影响尾鳍运动的参数主要有以下四个。

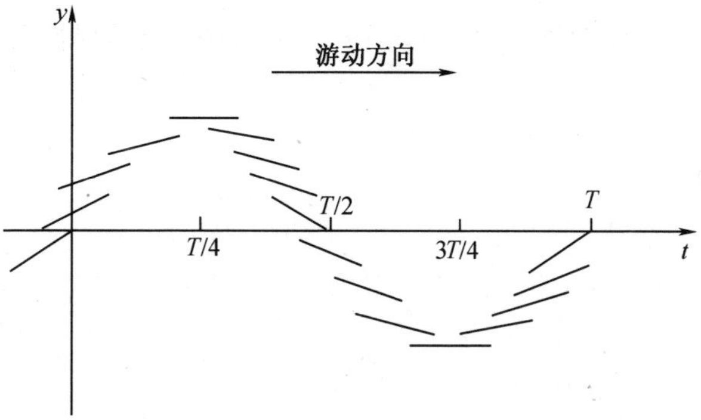

图 2.2　尾鳍的俯仰 – 沉浮复合运动

（1）尾鳍后缘最大摆幅 $A_{T\max}$：尾鳍后缘最大摆幅 $A_{T\max}$ 是描述尾鳍运动的临界参数，如图 2.3 所示，其取决于以下三个参数：

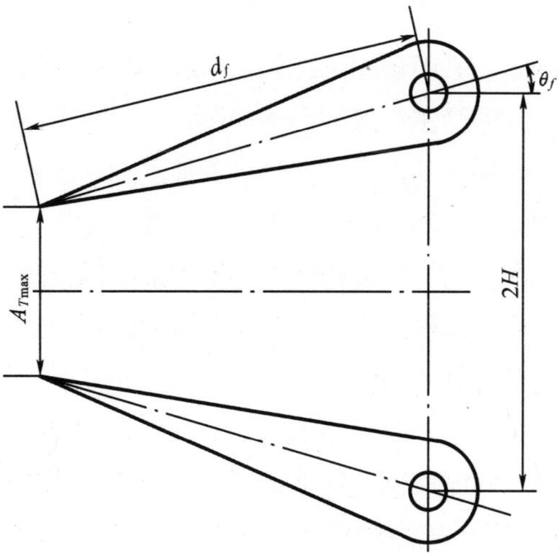

图 2.3　$A_{T\max}$ 的定义

①尾鳍摆动轴沉浮运动的幅值 H；

②尾鳍摆动轴沉浮运动幅值最大时尾鳍绕自身摆动轴的摆角 θ_f；

③尾鳍摆动轴距尾鳍后缘的距离 d_f。

（2）名义攻角 α：尾鳍名义攻角 α 为尾鳍中心线与尾鳍摆动轴轨迹切线间的夹角，其中，尾鳍最大名义攻角 α_{max} 的定义如图 2.4 所示，即尾鳍摆动轴摆幅为零时，尾鳍中心线与尾鳍摆动轴轨迹切线间的夹角。

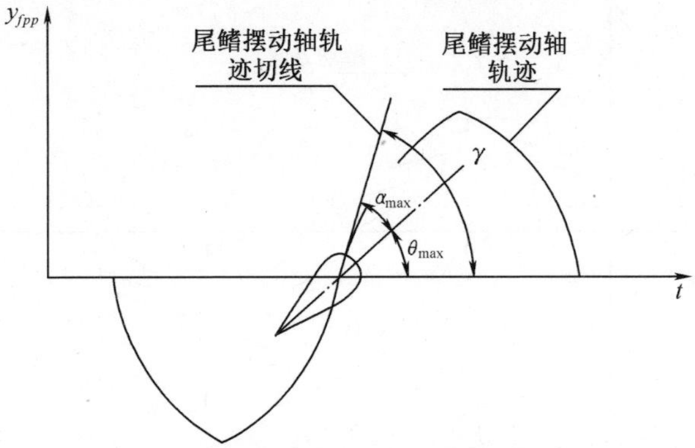

图 2.4　最大名义攻角 α_{max} 的定义

仿生学实验表明，当最大名义攻角 $\alpha_{max}=0°$时，尾鳍中心线与尾鳍摆动轴轨迹的切线重合，在这种情况下尾鳍的运动不产生击水动作，所受到的介质反作用力为零，因而不产生推进力。

当最大名义攻角 α_{max} 由 0°逐渐增加到 25°时，尾鳍的中心线与尾鳍摆动轴切线间夹角逐渐增大，即产生有效的击水动作，由于尾鳍运动产生的介质反作用力在游动方向上的分量逐渐增大，即产生的推进力逐渐增大。

当最大名义攻角 α_{max} 由 25°增加到 30°时，尾鳍几乎水平横向摆动，在这种情况下由于尾鳍运动产生的介质反作用力与游动方向几乎垂直，在游动方向的力分量几乎为零，不产生推进力。

当最大名义攻角 α_{max} 由 30°增加到 40°时，由于尾鳍运动产生的介质反作用力在鱼游动方向上力分量的方向与鱼的游动方向相反，尾鳍产生的是阻力。

从上面的分析我们可以得到，在设计中必须注意设计的尾鳍最大名义攻角 α_{max} 的取值应该选择在 15°至 25°之间。

（3）俯仰－沉浮运动相位差 ψ：鱼类及鲸豚类尾鳍俯仰－沉浮运动的相位

差主要通过影响尾鳍的击水角度，进而影响尾鳍在一个推进运动周期内的做功的性质，即尾鳍的运动对推进运动而言是做正功还是负功。

实验分析表明：当鱼尾鳍的俯仰－沉浮运动相位差 $\psi=0°$ 时，尾鳍的运动在第 1 个 1/4 周期和第 3 个 1/4 周期内产生向前的推进力，而在第 2 个和第 4 个 1/4 周期内产生负的推进力（推进力的方向与鱼游动方向相反）。当尾鳍俯仰－沉浮运动的相位差逐渐增大时，尾鳍的运动产生推进力的运动周期逐渐增加，在相位差 $\psi=90°$ 时最大。此时如果继续增加 ψ 值，对推进力的产生并无益处。因为在这种情况下会出现尾鳍几乎水平地横向摆动，以及不产生击水动作等情况。通过以上分析我们可以得到尾鳍俯仰－沉浮运动的相位差为 90°左右，这与鲹科加新月形尾鳍推进模式鱼类游动的观察结果是一致的。

（4）尾流结构参数——斯德鲁哈尔数 St：表达尾流结构特点的参数是斯德鲁哈尔数 St（Strouhal Number），它表明了旋涡生成的频率及其之间的距离，对于通过尾鳍摆动游动的鱼而言，其斯德鲁哈尔数为

$$St = fA_{T\max}/U \tag{2.2}$$

式中 f——尾鳍摆动频率，单位 Hz；

$A_{T\max}$——尾流宽度（通常取尾鳍后缘最大摆幅）；

U——平均游动速度。

实验表明，斯德鲁哈尔数对于推进效率而言存在一个最佳值范围：$0.25<St<0.40$，我们在机器鱼机构设计时应该要考虑这个问题。

2.2.3 机器鱼转弯模式

机器鱼在慢速巡游状态下，其胸鳍、背鳍、腹鳍都几乎不动，而在快速转弯时，这些鳍都要参与运动。机器鱼要模拟真实鱼转弯很困难，所以将其简化为仅依靠尾鳍进行转弯。这样机器鱼有以下三种基本的转弯模式。

（1）前进中转弯：机器鱼在保持持续前进时进行转弯。转弯过程中，尾鳍仅在一侧摆动，转弯结束尾鳍的摆动再恢复成正常巡游状态下的两侧对称摆动。这种方式是最基本的也是最被常用的一种方式，通过这种方式，机器鱼可以实现不同转弯半径、不同速度下的转弯。

（2）惯性前进转弯：首先机器鱼直线游动获得动能，接着尾鳍摆向一侧突然停止，然后靠惯性力前进，同时机器鱼把身体处于全弯的位置，靠水动力学的作用力转弯。这种方式相对于第一种方式，转弯半径要小。

考虑外力主要包括重力、浮力、身体阻力、附加质量效应以及鱼鳍摆动产生的推进力，式（2.3）和式（2.4）又可以进一步表达为

$$M\begin{bmatrix}\dot{v}^r\\ \dot{\omega}^r\end{bmatrix}+C_a\begin{bmatrix}v^r\\ \omega^r\end{bmatrix}+\begin{bmatrix}\omega^r\times mv^r\\ \omega^r\times I\omega^r\end{bmatrix}=D_Q\begin{bmatrix}|v^r|v^r\\ |\omega^r|\omega^r\end{bmatrix}+\begin{bmatrix}(m-\rho V)\boldsymbol{R}^{\mathrm{T}}g\\ \boldsymbol{x}_b\times\rho V\boldsymbol{R}^{\mathrm{T}}g\end{bmatrix}+\begin{bmatrix}f_p^r\\ \tau_p^r\end{bmatrix}+\begin{bmatrix}f^r\\ \tau_t^r\end{bmatrix} \tag{2.5}$$

其中，M 是包括鱼体本身质量和附加质量的总质量矩阵，$\boldsymbol{C}_a$ 由科里奥利效应产生的附加质量矩阵，$\boldsymbol{D}_Q=[d_u d_v \quad d_w \quad d_p \quad d_q \quad d_r]^{\mathrm{T}}$ 是阻力系数矩阵，向量 $\boldsymbol{x}_b=[x_b \quad y_b \quad z_b]$ 是浮力中心在鱼体坐标系下的表示，f_p^r 和 τ_p^r 是机器鱼两个胸鳍产生的力和相应的力矩，而 f_t^r 和 τ_t^r 是机器鱼尾鳍产生的力和相应的力矩。另外，$\boldsymbol{g}=[0 \quad 0 \quad g]$ 是重力加速度的矢量表达，而旋转矩阵 $\boldsymbol{R}$ 是从惯性坐标系到鱼体坐标系下的旋转，其表达式为

$$\boldsymbol{R}=\begin{bmatrix}c_\psi c_\theta & -s_\psi c_\theta+c_\psi s_\theta s\phi & s_\psi s_\phi+c_\psi s_\theta c_\phi\\ s_\psi c_\theta & c_\psi c_\theta+s_\psi s_\theta s_\phi & -c_\psi s_\phi+s_\psi s_\theta c_\psi\\ -s_\theta & c_\theta s_\phi & c_\theta c_\phi\end{bmatrix} \tag{2.6}$$

其中，s_ϕ 和 c_ϕ 分别代表 $\sin\phi$ 和 $\cos\phi$，其他类似，其他具体的表达式请参考相关文献。通过测量和相关实验可以确定表达式中的各个参数，然后再对这个模型进行模型仿真。通过对物理模型的分析和理解，可以一定程度上提高机器鱼在水中的游动的算法控制精度和稳定性。

2.4 仿生对象介绍——箱鲀科鱼类

鱼类的运动模型可分为两类：

（1）身体/尾鳍模式（Body or/and Caudal Fin，BCF）

这种鱼类主要依靠身体以及尾鳍的摆动来获得前进的动力。

（2）中央鳍/对鳍模式（Median or/and Paired Fin，MPF）

这种鱼类主要依靠中央鳍（如背鳍）或者对鳍（如胸鳍）的摆动进行游动。

自然界中约有 85% 的鱼类采用了身体/尾鳍模式的游动方式。在这种游动模式下，身体与尾鳍成为了游动的主要动力来源，而中央鳍和对鳍则作为辅助调控机构，用于调节鱼游动时的姿态。

在 1926 年，科学家 Breder 对采用 BCF 推进方式的鱼进行了更细致的分类。研究发现，采用 BCF 推荐方式的鱼的推进力来源有两种途径，即身体的波动（Undulatory）和鱼鳍的振动（Oscillatory）。Breder 根据这两种推进力在鱼身上作用的比例，将 BCF 鱼类又分成五类，即鳗鲡模式（Anguilliform）、亚鲹科模式（Subcarangiform）、鲹科模式（Carangiform）、鲔科模式（Thunniform）以及箱鲀科模式（Ostraciiform），如图 2. 6 所示。

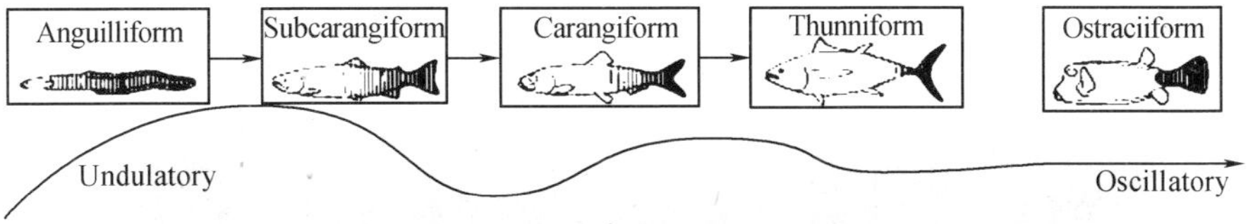

图 2. 6　BCF 推进方式鱼分类图

从图 2. 6 中可以清晰地看到，鳗鲡模式的鱼类整个身体通过摆动形成了一个较为长的波形，且按排列越往后的鱼类，身体的波动就越小。到了箱鲀科，身体几乎已经不摆动，而仅仅只依靠尾鳍的往返振荡运动来产生推力。

箱鲀，由于其外形酷似一个盒子，故又被称为盒子鱼。不同于其他的鱼类，箱鲀的大部分身体都被包围在一个六菱形的硬体甲里，且该体甲不成流线型。在体甲的边缘处有轮廓分明的脊骨结构，且不同脊骨之间的身体外表面，根据不同的箱鲀种类有凹凸之分。图 2. 7 为一张黄色斑点箱鲀的照片。

图 2. 7　箱鲀照片

第 3 章　仿生机器鱼的机械设计

在第 2 章中，我们介绍了大自然中的鱼类是如何游动的，以及我们怎样用工程的眼光去建模鱼类的游动模型。在后续章节中，我们将一步步阐述如何去搭建一个机器鱼平台，尽最大所能用机器去还原、模拟真实鱼类的游动。本章将介绍仿生机器鱼的机械设计。机械设计是机器人研究的第一步，涉及机器人的骨架，有了合理的机械结构，我们的机器人才能够有灵活的运动关节，才能有足够的空间去容纳所携带的电机、传感器、控制电路板等。对于仿生机器鱼来说，机械设计更是至关重要，因为鱼类的外形、内部结构都是经过千万年的自然选择进化而来的，正是因为这些优良的设计使得自然界的生物具有极强的生存能力，这也正是我们想要学习的，并应该在机械设计中加以着重体现的。

3.1　仿生机器鱼的外形设计

在进行机械设计之前，先对机械设计所用的软件进行介绍。随着技术的发展，计算机辅助设计（Computer Aided Design）技术已经在工程中有了广泛的应用，例如在电气/机械/建筑领域，可帮助世界各地的工程师便捷、高效地进行各种设计。在 CAD 技术出现之前，工程师进行机械设计都是在二维图纸上进行，机械设计工程师必须有丰富的空间想象能力以及工程绘图的经验。这种二维图纸上的设计效率非常低，往往大量的时间都花在了图纸的绘制上，而不是设计本身。而且这种传统设计方法非常不直观，并且不便于修改。有了 CAD 技术，机械设计便从二维的设计过渡到了三维设计，用户从二维草图开始设计，计算机负责将二维草图按用户要求转换成为三维实体，并且用户可以任意拖动、旋转、修改、复制实体，从而为用户节约了大量的制图时间，可使用户专注于机械本身的设计，并且实现了所得即为脑海里所想的三维实体的直观交互方式。

目前在机械设计领域常用的 CAD 软件有：CATIA，UG，ProE，SolidEdges，CAXA，Inventer，SolidWorks 等。其中，SolidWorks 是世界上第一个 Windows 平

台下的机械 CAD 软件，具有广泛的用户使用人群。功能强大、易学易用和技术创新是 SolidWorks 的三大特点。SolidWorks 友好的用户交互界面使得任何一个熟悉 Windows 的用户都能很快地掌握其操作方法。使用 SolidWorks 进行机械设计主要包括以下三个步骤：

第一，创建草图，一般来说为二维草图，草图一般为三维实体的一个视图，或者能够用来确定三维特征的一些约束图形；

第二，用草图生成三维实体，SolidWorks 包含了大量从二维草图到三维实体的特征建立方法，比如拉伸凸台/基体、切除、扫描、放样、抽壳、拔模等；

第三，将第二步中创建好的三维零件进行装配，形成装配体。

下面以箱鲀为例，讲述如何用 SolidWorks 进行仿生机器鱼的外形设计。在第 2 章中我们已经讨论过，箱鲀的独特外形给予了箱鲀诸多优势，因此在设计仿生机器鱼时应该尽量保持箱鲀的外形，即与自然界中的箱鲀的外形越像越好，这样我们的仿生机器鱼才能继承真实鱼的优点。因而对机器鱼外形建模的第一步便是获得自然界箱鲀的外形信息，获得其外形特征的关键尺寸参数。

在调研好机器鱼的尺寸参数后，便可以在 SolidWorks 中进行建模了。不同于其他的机械零件，仿生机器鱼的外形是一个完全不规则的外形，外表是一个极为复杂的曲面，因而不能从传统的 2D 草图来生成三维实体。我们可以利用 SolidWorks 提供的 3D 草图功能来实现对复杂不规则曲面的建模。SolidWorks 的 3D 草图功能使用起来与 2D 草图类似，只不过 3D 草图中允许用户在三维空间中画出实体的特征，从而用这些特征生成三维实体。在 SolidWorks 中，创建 3D 草图的方法也很简单，可以在“插入”菜单中找到“3D 草图”的选项，点击即可进入 3D 草图的绘制界面，绘制方法与 2D 草图相同，唯一的区别是所有的点与线都可以画在三维空间的任意位置，图 3. 1 就展示了仿生机器箱鲀外形的 3D 草图。

该 3D 草图用一些简单的线条描绘了箱鲀的外形特征，在鱼纵向方向，3D 草图上主要是确定了箱鲀脊骨的走向；在鱼的横向方向，从鱼头到鱼尾，一共选取了四个截面，便可以与纵向特征一起完全约束鱼的外形了。有了草图，接下来的工作就是由三维草图通过特征生成三维实体。这里我们选择放样的特征生成方式。放样是将一个二维形体对象作为沿某个路径的剖面，而形成复杂的三维对象。同一路径上可在不同的段给予不同的形体。将 3D 草图经过放样后得到的三维实体如图 3. 2 所示。

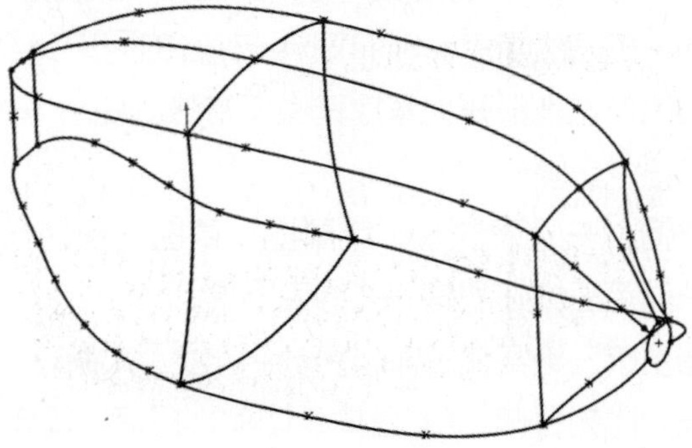

图 3.1　仿生机器箱鲀外形 3D 草图

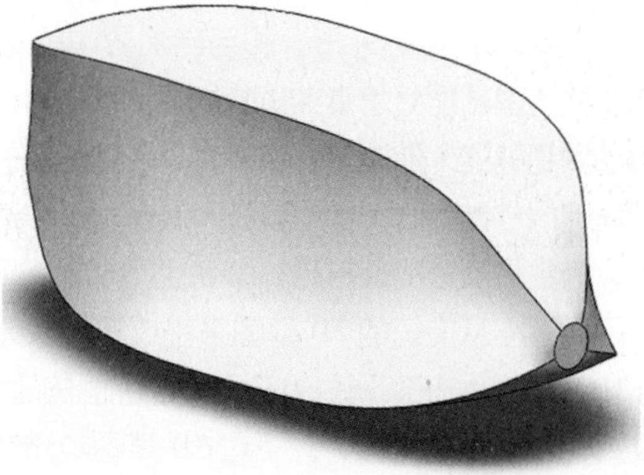

图 3.2　仿生机器箱鲀外形实体示意图

经过了前面的步骤，机器箱鲀的雏形已基本形成，但是对于一款机器鱼，机械上的设计还远没有结束。有了外形的实体，还需要将实体切成两半，并进行抽壳，才能将机器鱼打开并放置各种电气、动力、内部机械元件。另外，还应根据需要对外壳设计螺钉孔以及螺纹孔以便组装时固定两部分的机器鱼壳。鱼壳上根据动力元件的布置，也需要设计相应的孔以便装配动力输出轴。最后，水下机器人还需要考虑一个非常重要的问题：防水。因此在上下壳结合处还应该设计相应的放置防水 O 圈的凹槽，O 圈依靠上下两壳的压紧力，从而起到防水的效果。机器箱鲀的外壳最终实体如图 3.3 和图 3.4 所示。

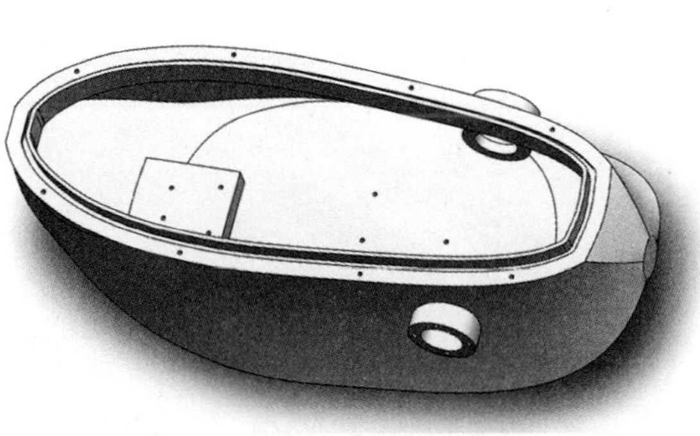

图 3.3　仿生机器箱鲀的下壳体

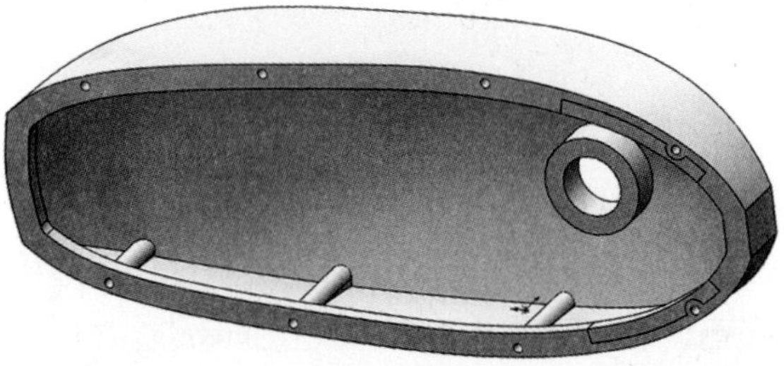

图 3.4　仿生机器箱鲀的上壳体

3.2　智能箱鲀内部结构设计

智能箱鲀的内部结构设计主要分为动力部分，包括舵机固定架和胸鳍、尾鳍动力输出传动机构；非动力部分，主要是各类传感器的固定架。下面将对每个部分一一进行说明。

3.2.1　动力部分

1. 胸鳍舵机固定架

胸鳍舵机固定架采取分离式设计配合直槽口的使用，可以使得舵机在两个方向上位置可调，从而解决了装配时齿轮配合的问题，如图 3.5 所示。

舵机固定架后方的开口是为了让出舵机线，顶部的开口是为了在装配时工

图 3.5　胸鳍舵机固定架

具方便进入。舵机所连接的齿轮采取了对立式的分布，这样可以节省横向距离。由于箱鲀在由前游模态切换到后游模态时还要保证能继续游动，而舵机的角度行程为 180°左右，这样就需要 2.5∶1 以上的传动比才能满足上述条件。又由于满足强度要求的最小的锥齿轮模数是 1，齿数是 14 的锥齿轮，故大端齿轮为模数是 1，齿数是 35 的锥齿轮。在综合考虑鱼下壳体空间等因素后决定采用对立分布的设计。对立式分布必然会使得一边的齿轮固定在悬臂梁的齿轮连接器上，这样在极端受力情况下可能会使齿轮连接器产生弯曲变形，从而影响锥齿轮的正常工作。从理论计算中可以看出弯曲变形并不是很大，但理论计算未考虑舵机输出轴的小法兰的强度和螺钉连接的强度，故保险起见，在末端做一支撑，具体爆炸结构如图 3.6 所示。

2. 胸鳍动力输出传动机构

舵机的动力经过锥齿轮的传递需要输出到鱼体外，这就需要一个机构使得动力由内部传递到外部，如图 3.7 所示。

图 3.8 所示，零件从左到右依次为：小端锥齿轮、输出轴、轴承、挡圈、轴承、套筒、动密封圈、端盖。输出轴的受力情况类似悬臂梁，两个轴承可以缓解一定的压力。套筒内部分为左右两个部分，左边主要用作固定轴承与轴，右边主要用作防水。

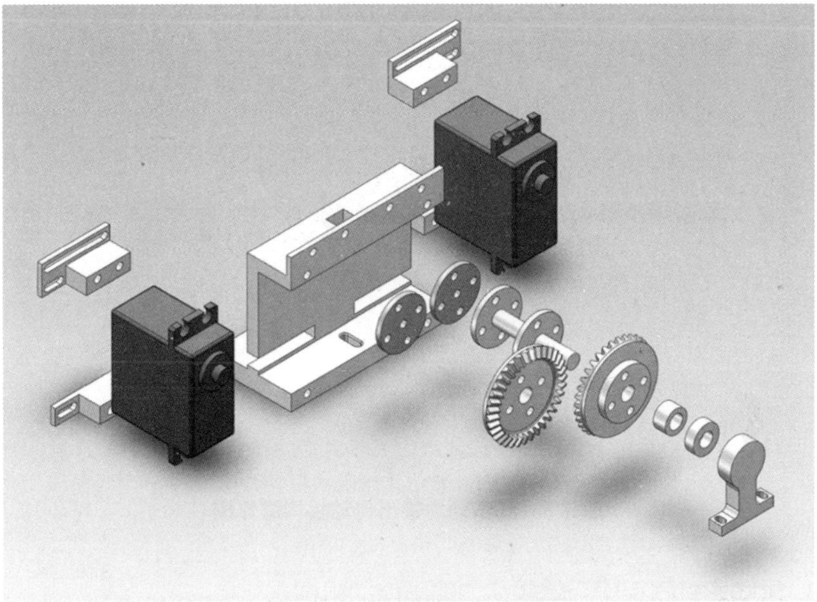

图 3.6　胸鳍舵机固定架爆炸图

图 3.7　胸鳍动力输出传动机构

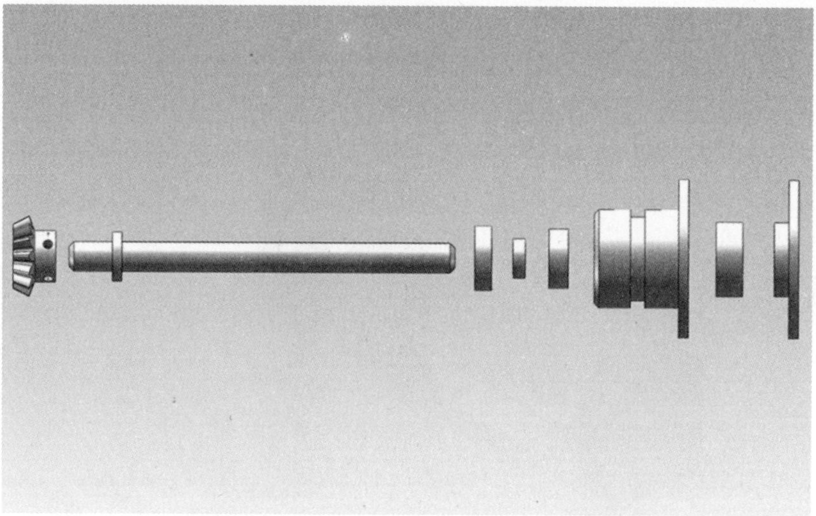

图 3.8　胸鳍动力输出传动机构爆炸图

3. 尾鳍舵机固定架与尾鳍动力输出传动机构

尾鳍舵机固定架与动力输出传动机构较胸鳍部分简单很多，如图 3.9 所示。

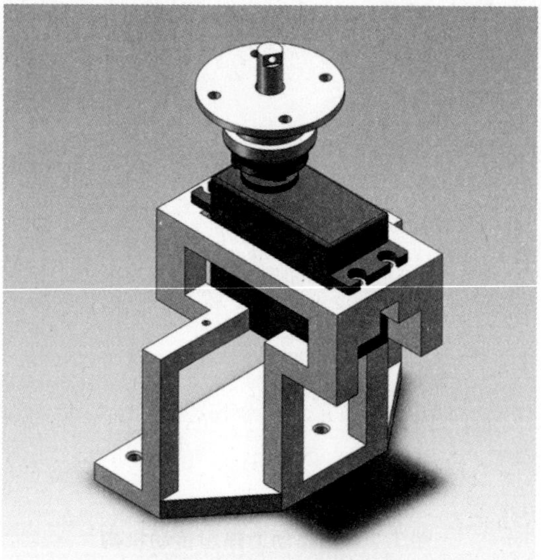

图 3.9　尾鳍舵机固定架

爆炸图如图 3. 10 所示。

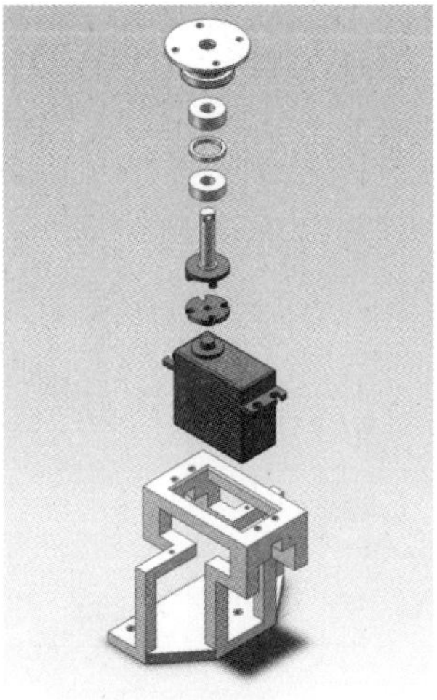

图 3. 10　尾鳍舵机固定架爆炸图

图 3. 10 的零件从上到下依次是：端盖、动密封圈、挡圈、轴承、输出轴、连接器（非加工）、舵机、舵机固定架。舵机固定架下端采用前大后小的设计，一是为了迎合鱼体后部的空间，二是为了给树莓派（Raspberry Pi）和电源电路板让出空间。由于尾鳍的输出轴基本只受扭矩，故一个轴承可以满足要求。

3. 2. 2　非动力部分

1. 红外传感器固定架

图 3. 11 为红外传感器的固定架，上下的开口是为了让出传感器接线的空间。固定采用直槽口的形式，前后可调。

2. 图像传感器固定架

图 3. 12 为图像传感器的固定架，这种设计是综合考虑了内部的空间，上壳体内窥口对图像传感器视角的影响等因素，传感器被固定在对立分布齿轮的中间，空间上非常紧凑。

3. 电池及 IMU 固定架

图 3. 13 为电池和 IMU 固定架，电池 8 个一组嵌在固定架中间，IMU 固定

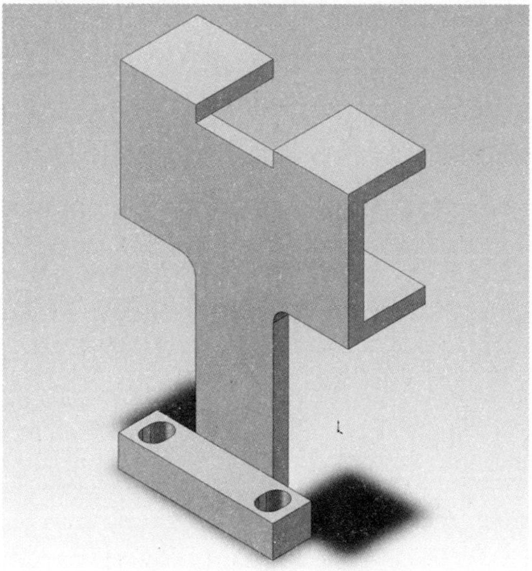

图 3.11　红外传感器固定架

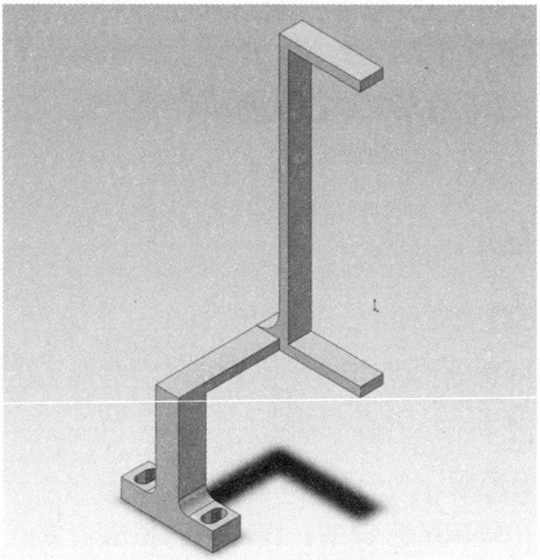

图 3.12　图像传感器固定架

在右边平台上。整个固定架前段固定在胸鳍舵机固定架上，后端固定在尾鳍舵机固定架上。一是考虑质量的分布，二是为树莓派和电源电路板让出空间。

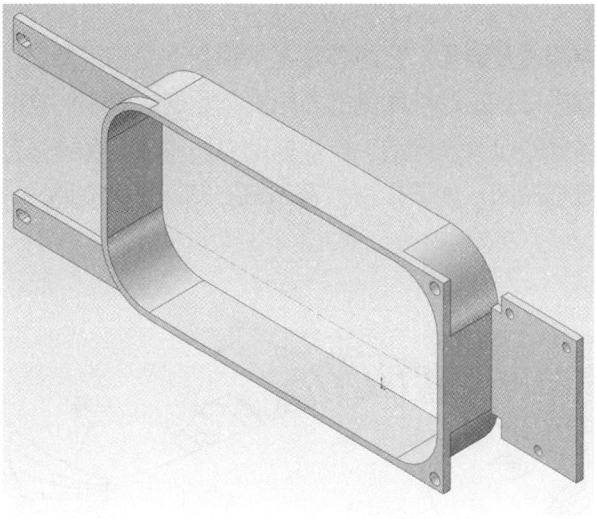

图 3. 13　电池及 IMU 固定架

图 3. 14 便是智能仿生箱鲀内部零件设计的简要介绍，下面展示一下这些零部件组装在鱼体内时的效果图，图中有树莓派、电源板、各类传感器的实体建模。

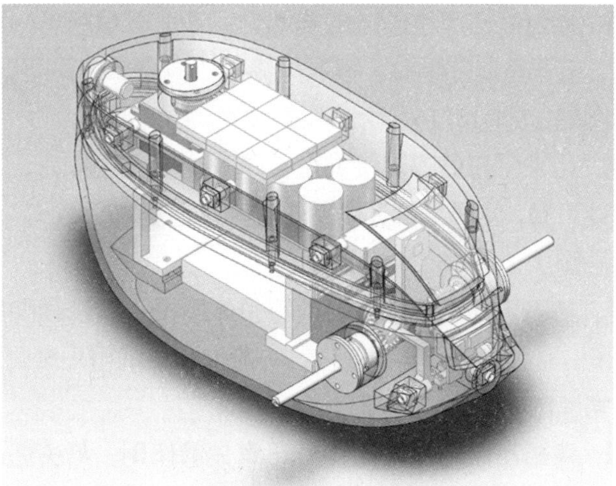

图 3. 14　整体效果图

3.3 仿生鱼鳍的制作

鱼鳍是鱼类的重要器官，它是鱼在水中游动的动力来源之一，并可以保持鱼的平衡。鱼鳍由排列在脊柱两侧的对称肌肉驱动，其中一侧肌肉收缩，另一侧肌肉伸展，鱼鳍得以顺利摆动，产生推动力。鱼体上多处地方都有不同种类鱼鳍，起到不同的作用。按照生长位置不同，可以分为如图 3.15 所示的几种鱼鳍。

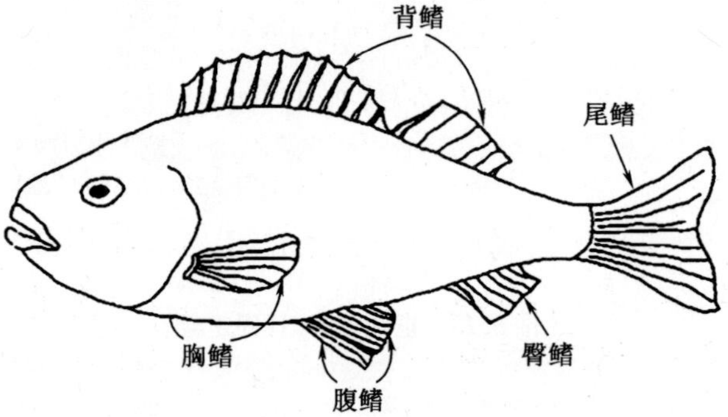

图 3.15　鱼鳍分布示意图

（1）尾鳍：通过摆动产生前进的推动力，并能够像船舵一样起到调节游动方向的作用，位于鱼体的尾端。根据尾鳍的不同形状，又可以细分为歪尾、原尾、正尾和圆尾，如图 3.16 所示。

（2）胸鳍：用来保持鱼的滚转稳定，同时也能产生推力，并能利用此推力控制鱼上升或下潜，另外胸鳍还能用于在游动过程中“刹车”。胸鳍一般位于左右鳃孔的后侧。

（3）腹鳍：具有协助背鳍、臀鳍维持鱼体平衡，以及辅助鱼体升降拐弯的作用。其生长位置因鱼的种类而变化，一般位于鱼的躯干腹侧，形状与胸鳍相似，但比胸鳍稍微小一些。

（4）背鳍：背鳍在保持鱼体侧立上起着关键作用，若失去，鱼可能会侧翻。有些身体较长的鱼也用背鳍来产生一些推力，一般长在鱼的背中线上。

（5）臀鳍：协调其他各鳍，起平衡作用，若失去，身体轻微摇晃。臀鳍

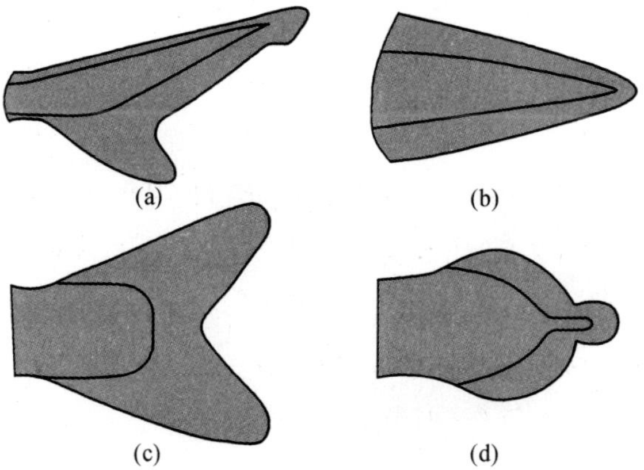

图 3.16　尾鳍的种类

（a）歪尾；（b）原尾；（c）正尾；（d）圆尾

位于鱼体的腹部中线、肛门后方，形态与功能大体上与背鳍相似。

自然界中的鱼类的鱼鳍运动灵活，因此将其机构复制到机器鱼上并非易事。首先，鱼鳍均为柔性，且有肌肉驱动，相当于具有无穷多的自由度，然而从机械材料上来说，要达到鱼鳍一样的柔性、一样多的自由度几乎是不可能的，对于一个完全驱动的机械结构来说，它的自由度是有限的，而且不可能做得特别大。第二，自然界中的鱼具有多种鱼鳍，如果机器鱼上也配备如此多的鱼鳍，势必将引入更多的电机、传动机构、控制电路，这将大大增加机器鱼的复杂度。因而对于一条机器鱼，必须对鱼鳍进行适当简化。

我们仅考虑对鱼类运动起最关键作用的鱼鳍：一对胸鳍和一个尾鳍。为了模拟鱼鳍产生的推动力，我们还必须将鱼鳍加以简化、抽象，用机械容易实现的运动（如转动、直线运动）来模拟鱼鳍的摆动。我们的仿生鱼鳍设计如图 3.17 所示。

尾鳍由一个舵机驱动，舵机输出轴连接一个尾鳍固定架，尾鳍固定在这个固定架上。游动时，舵机来回摆动，带动尾鳍左右摆动，从而产生推动力。而仿生胸鳍则对真实鱼鳍作了较大的简化和抽象。真实鱼的胸鳍自由度特别多，能够灵活实现各种运动。而这里我们设计的仿生胸鳍仅仅用一个自由度来模拟真实鱼鳍的推动力。每个胸鳍都有一个舵机驱动，舵机通过 1∶2.5 的齿轮传动驱动仿生胸鳍上下摆动，通过调节仿生胸鳍的摆动偏移值（即攻角），仿生胸鳍可以产生上浮力和下潜力，从而让仿生机器鱼拥有三维环境里的机动能力。

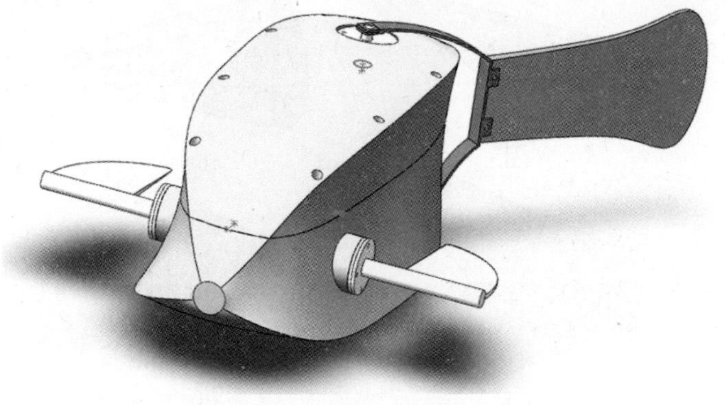

图 3.17　鱼鳍的驱动方式设计

除了驱动方式的选择与设计，鱼鳍的形状也是影响仿生鱼鳍推进效能的一个重要因素，为了更好地描述一个鱼鳍的形状，我们定义描述仿生鱼鳍形状的以下几个关键参数。

（1）面积：实验证明，鱼鳍摆动所产生的推力与鱼鳍的面积在一定范围内成正相关，但这并不意味着鱼鳍越大越好，当鱼鳍的面积超过一定范围时，推力反而会减小。

（2）展弦比：即鱼鳍总宽度与平均几何弦之比，可以用以下公式来表示，

$$\lambda = \frac{l}{b} = \frac{l^2}{S}$$

其中，l 为鱼鳍总宽度，b 为平均几何弦长，S 为鱼鳍面积。

（3）鳍型：即鱼鳍的特征形状，图 3.18 展示了不同的鳍型。

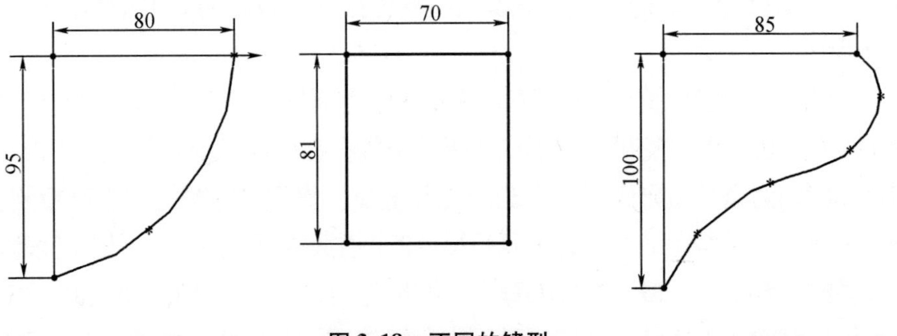

图 3.18　不同的鳍型

除了以上三个描述形状的参数外，影响鱼鳍推动力的还有鱼鳍的刚度。刚度表征物体遇到外加施力时发生的形变的大小。

至于以上这些参数该如何选择能让鱼鳍的推动效果最好，则需要相应的理论分析计算，或者通过反复的实验测试才能知晓。

在鱼鳍的材料方面，为了让鱼鳍有一定的柔度，并像真实鱼鳍一样轻、薄，可采用橡胶材料制作而成；亦可采用碳纤维棒加上塑料蒙皮的方式进行制作，用碳纤维棒可模拟鱼鳍中的鱼骨，而用塑料蒙皮则可模拟鱼鳍中的薄膜部分。用橡胶以及碳纤维棒和塑料蒙皮制作出来的仿生鱼鳍的照片如图 3. 19 所示。

图 3. 19　仿生鱼鳍示意图

（其中尾鳍为橡胶材料，胸鳍为碳棒及塑料蒙皮材料）

下面介绍锥齿轮连接器挠度计算。根据锥齿轮的几何关系可得：

$$F_t = \frac{2T}{d_m}$$

$$F_r = F_t \tan\alpha\cos\delta$$

$$F_a = F_t \tan\alpha\sin\delta$$

其中，$\alpha = 20°$，$\delta = 68.2°$，$d_m = 35$ mm，$T = 94$ N · cm。

故

$$F_t = 53.7 \text{ N}$$

$$F_r = 7.3 \text{ N}$$

$$F_a = 18.2 \text{ N}$$

将连接器抽象为悬臂梁，可知梁长 $l = 15$ mm，梁截面为半径 $r = 3$ mm 的圆形。

由挠度计算公式可得

$$\omega = \frac{F_r l^3}{3EI}$$

其中，$I = \frac{\pi {d_{\mathrm{shaft}}}^4}{64}$（圆截面），$E = 69$ GPa（铝），$E = 103$ Gpa（铜）。

故：

$$\omega_{\mathrm{Al}} = 1.87 \times 10^{-3}\ \mathrm{mm}$$

$$\omega_{\mathrm{Cu}} = 1.25 \times 10^{-3}\ \mathrm{mm}$$

从计算结果可以看出，锥齿轮连接器的形变是非常微小的。当然，这个结果是建立在舵机输出机构和鱼壳体的刚性足够大。保险起见，可以将悬臂梁变为一个过定义的梁来加强。

第4章 电 气 系 统

电气系统是整个智能仿生机器鱼的重要组成部分，也可以称之为机器鱼的大脑和神经系统。从感知外部环境的变化，到经过处理器的处理，最后控制执行机构完成相应的动作，都有赖于电气系统之间的有效配合。

4.1 总 体 设 计

电气系统由供电单元、感知单元、控制单元、处理器及测控平台组成。电气系统围绕树莓派这一核心处理器来搭建，电气系统总体框图如图4.1所示。

4.1.1 概述

供电单元对感知单元、处理器及控制单元提供电源。整个电气系统里面有各种功能模块单元，对电源的需求也不一样，并且各个模块之间的电源不能相互影响。感知单元由于有很多传感器，传感器的供电电源的好坏直接影响到传感器数据的准确性，所以，感知单元对供电电源提出了很高的要求。同时，控制单元作为舵机驱动的部分，也是作为整个电气系统当中功率消耗最大的部分，所以，供电单元必须能为控制单元提供一定功率的电源。

除此之外，供电单元作为整个系统电源的管理单元，在为每个模块提供一定要求的电源时，还要保证为每个模块单元供电的电源相互独立，不能产生相互影响。比如，控制单元在驱动舵机运转的时候，会产生很大的电流，电源电压波动大，如果不与其他供电模块进行隔离，会对其他模块的正常工作产生影响。

机器鱼可以处于两个工作模式状态之下，一种是在线模式，另一种是离线模式，也称之为全自主模式。

在线模式下机器鱼上的处理器只处理传感器数据的上传及控制命令的发送，自身并不对这些数据进行分析，而是把数据上传到上位机测控平台，所有的程序都在上位机上运行，然后把运行的结果发送给机器鱼。在线模式下适合

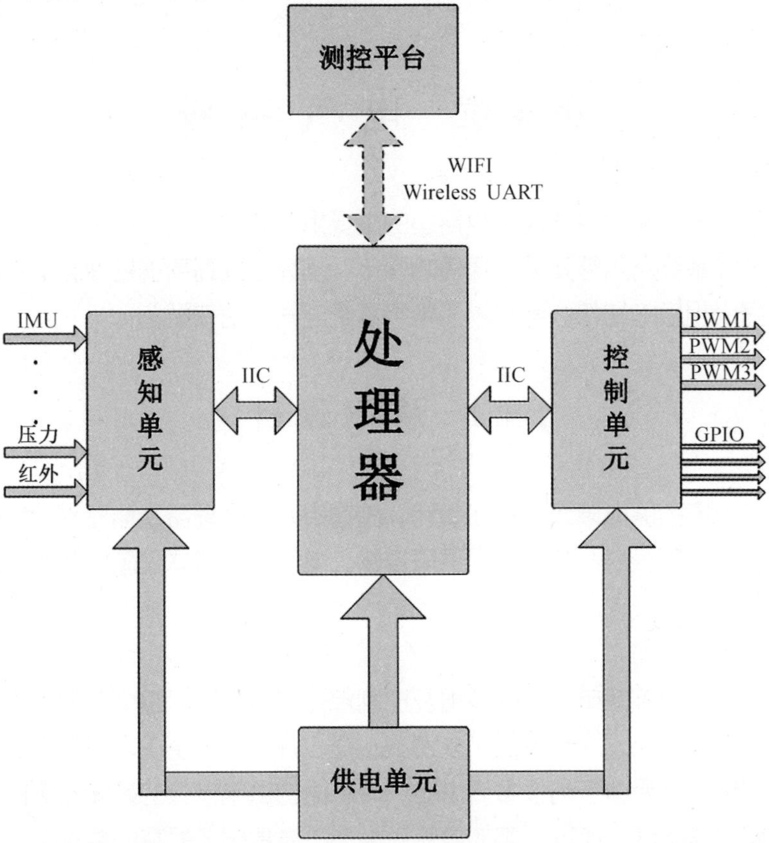

图 4.1　电气系统总体框图

应用在实验过程当中，有助于分析整个实验过程。

离线模式下机器鱼完全自主运行，不需要外部上位机对数据处理。自主模式对机器鱼本身控制平台提出了很高的要求，如要求运算速度快，能够快速处理图像信息，对传感器的数据进行综合判断等。

感知单元感知各种传感器数据，再通过 IIC 总线把传感器数据传给处理器。智能仿生机器鱼的智能体现在它能感知自身周围的环境并作出相关决策。在机器鱼上安装了很多类型的传感器，比如，检测自身运动状态的惯性导航模块（IMU）、感受自身外部压力的压力传感器、提供测距功能的红外传感器、采集周围图像信息的摄像头、监测自身内部温度和湿度的温湿度传感器。

处理器根据感知单元上传的传感数据，综合分析鱼的运动状态、周围环境，对这些数据处理后，作出相应的控制。可以把摄像头的图像信息通过WiFi上传到上位机的测控平台，实时观测实验结果。同时，处理器还可以向控制单元发送运动指令。

控制单元接收处理器的运动控制指令，完成对舵机的各种操作。控制单元基于CPG控制模型，产生几路在相位上有一定延迟的PWM波，完成机器鱼各种模态的控制。

处理器既能根据传感器的数据通过自身的智能控制算法做出综合判断，又能把感知单元上传的传感器数据，经过处理器进行打包处理后，通过WiFi上传到上位机的测控平台，可以由上位机上的智能算法实现对机器鱼的综合判断，得出结果，最后把相应的控制命令通过WiFi下传到机器上的处理器，处理器根据下传的控制命令，把这些命令以一定的通信协议格式发送给感知单元和控制单元。

以上实现的功能都是基于树莓派这一核心处理器实现的。

4.1.2 树莓派简介

Raspberry Pi（中文名为“树莓派”，简写为RPi，或者RasPi/RPi）是为孩童计算机编程教育而设计，只有信用卡大小的卡片式电脑，其系统基于Linux。

树莓派由注册于英国的慈善组织“Raspberry Pi基金会”开发，埃·厄普顿为项目带头人。2012年3月，英国剑桥大学埃本·阿普顿正式发售了世界上最小的台式机，又称卡片式电脑，外形只有信用卡大小，却具有电脑的所有基本功能，这就是Raspberry Pi电脑板，中文译名“树莓派”。这一基金会以提升学校计算机科学及相关学科的教育，让计算机变得有趣为宗旨。基金会期望这一款电脑无论是在发展中国家还是在发达国家，会有更多的其他应用不断被开发出来，并应用到更多领域。树莓派早期概念是基于Atmel的ATmega644单片机，首批上市的10 000“台”树莓派的“板子”，由中国台湾和大陆厂家制造。树莓派目前只有A和B两个型号，A型有1个USB、无有线网络接口、功率2.5 W，500 mA；B型有2个USB、支持有线网络、功率3.5 W，700 mA。

树莓派是一款基于ARM的微型电脑主板，以SD卡为内存硬盘，卡片主板周围有两个USB接口和一个网口，可连接键盘、鼠标和网线，同时拥有视频模拟信号的电视输出接口和 HDMI 高清视频输出接口。以上部件全部整合在一张仅比信用卡稍大的主板上，具备所有 PC 的基本功能，只需接通电视机和键盘，就能执行如电子表格、文字处理、玩游戏、播放高清视频等诸多功能。

4.2 控制单元

控制单元主要功能是实现对舵机的驱动。整个控制单元的核心是 STM32 单片机，它是 CPG 运动控制方法的基础。控制单元通过接收处理器发送的 CPG 控制参数，控制三个舵机配合起来完成多种模态动作。控制单元框图如图 4.2 所示。

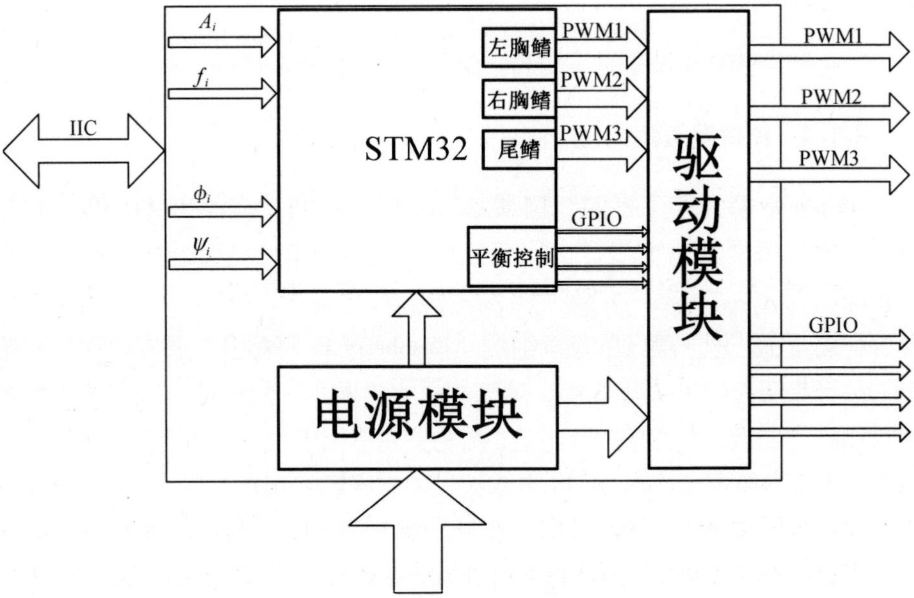

图 4.2 控制单元框图

4.2.1 CPG 控制方法

CPG 是一种仿生方法，它是脊椎动物和非脊椎动物运动神经回路的基本组成部分，神经生物学研究表明动物的运动是由中枢神经系统递阶式分层控制的，由高到低依次为大脑皮层、脑干、脊椎。生物学家普遍认为，动物的节律行为，如走、跑、跳、泳、飞是低级神经中枢的自激行为，由位于脊髓（脊椎动物）或胸腹神经节（无脊椎动物）中的中枢模式发生器控制。中枢模式发生器是由中间神经元构成的局部振荡网络，通过神经元之间的相互抑制实现自激振荡，产生具有稳定相位互锁关系的多路（或单路）周期信号，控制肢体或躯体相关部位的节律运动。高层中枢（大脑、小脑）发出运动指令，控制节律运动的起始，并综合 CPG 的中枢反馈信息、本体感受信息、视觉信息等对运动进行监控。来自躯体感受器的反馈信息通过生物反射机制，协调 CPG 与环境、本体的关系，对 CPG 的输出进行调节，整个控制系统组成一个分级模块化反馈控制系统。

1. CPG 参数说明

（1）摆动频率：左胸鳍、右胸鳍、尾鳍的摆动频率设为一致，在程序中比较方便实现。

（2）滞后角：默认尾鳍滞后角为 0，分左胸鳍滞后角（相对于尾鳍）和右胸鳍滞后角（相对于尾鳍）。

（3）摆幅：左胸鳍、右胸鳍、尾鳍的最大摆幅。

（4）动态偏置量：左胸鳍动态偏置量、右胸鳍动态偏置量、尾鳍动态偏置量。

（5）静态偏置量：左胸鳍静态偏置量、右胸鳍静态偏置量、尾鳍静态偏置量。

2. 输入参数的范围

（1）滞后角：0°～180°。

（2）调直角度：经验范围 －20°～20°。

（3）最大摆幅：－60°～60°（由电机参数决定，但实际上不会用到这么大的摆幅，因为需要考虑到转弯时还要叠加偏移角，同时还要考虑摆动频率对最大摆幅的制约）。

（4）摆动频率对最大摆幅的制约关系：表 4.1 数据通过实验得到，但由于装配不精确，而且数据只能靠人眼观察估计，所以仅作为参考。

表 4.1　电机最大摆幅

摆动周期 /ms	电机所能达到的最大摆幅（°）		
	第一关节	第二关节	第三关节
2 540	60	60	60
2 390	60	60	60
2 240	60	60	60
2 090	60	60	60
1 940	60	60	60
1 790	60	60	60
1 640	60	60	60
1 490	60	60	60
1 340	60	60	60
1 190	60	60	60
1 040	60	60	60
890	55	55	60
740	50	50	50
590	40	40	40
440	35	35	30

4.2.2　控制舵机的基本原理

1. 舵机的参数

型号：Hitec HS－65MG。

输出扭力：

1.8 kg · cm（4.8 V）；

2.2 kg · cm（6.0 V）。

动作速度：

0.16 s/60°（4.8 V）；

0.13 s/60°（6.0 V）。

额定电压：DC 4.8－6 V。

运转电流：180 mA（4.8 V）。

操作温度：-20 ℃ ~ $+60$ ℃ 。

尺寸：24 mm×12 mm×24 mm。

质量：11.2 g。

2. 舵机工作原理

控制信号由接收机的通道进入信号调制芯片，获得直流偏置电压。信号调制芯片内部有一个基准电路，产生周期为 20 ms，宽度为 1.5 ms 的基准信号，将获得的直流偏置电压与电位器的电压比较，获得电压差输出；最后，电压差的正负输出到电机驱动芯片决定电机的正反转。当电机转速一定时，通过级连减速齿轮带动电位器旋转，使得电压差为 0，电机停止转动。

利用单片机产生周期恒定（20 ms，由舵机工作原理决定）的脉冲信号，通过改变此脉冲的宽度，来使得电机连续转动。当脉宽为 1 500 μs 时，电机转动 0°；当脉宽为 900 μs 时，电机达到右极限 60°；当脉宽为 2 100 μs 时，电机达到左极限 60°。也就是，脉宽 10 μs 的变化对应舵机转角变化 1°。

每 20 ms 改变一次脉冲信号的宽度，同时也相应地改变舵机的转动角度。

每个时刻摆幅（即脉冲信号宽度）的计算方法：把舵机摆动的幅度看作时间的正弦函数。

4.2.3 PWM 生成方式

无论是从种类、数目还是功能上来说，STM32 微控制器为用户提供的定时器资源都可以说是非常丰富的。从种类上来说，STM32 有高级定时器、通用定时器和基本定时器。从数目上来说，STM32 配备了 2 个高级定时器 TIM1 和 TIM8，4 个通用定时器 TIM2，TIM3，TIM4 和 TIM5，还有 2 个基本定时器 TIM6 和 TIM7。加上 RTC 和从属 ARM Cortex－M3 内核的 SysTick 定时器，则 STM32 所有可用的定时器达到了惊人的 10 个。

STM32 的定时器不仅在数目上出众，而且在功能上也非常强大：

基本定时器可以为用户提供准确的时间基准，并且特意为 DAC 单元提供了一个触发通道。

通用定时器在具备时间基准功能的基础上，还加入了输入捕获、输出比较、单脉冲输出、PWM 输出功能以及正交编码器等新特征。

高级定时器相比于通用定时器，为适应电机控制场合的应用加入了可产生带死区控制的互补 PWM 信号、紧急制动、定时器同步等高级特性，并最多可以输出 6 路 PWM 信号。

高级定时器可谓是意法半导体赋予 STM32 的王牌，可产生 6 路带死区控制的 PWM 信号，对进行过变频器、UPS 等开发应用的开发人员来说是很大的福音——天生具备了控制三相异步感应电动机的能力。而其他定时器都有 4 路 PWM 输出通道，同样有死区控制、编码器模式，这意味着 STM32 不仅能控制步进电机、无刷电机，还能进行速度环的控制，可说是无所不能。还有一点很重要，以上众多定时器功能的实现并不需要共用任何硬件资源。STM32 的通用定时器由通过可编程预分频器驱动的 16 位自动装载计数器构成，其特性包括：

（1）16 位向上/向下自动重装载计数器；

（2）16 位可编程预分频器，计数器时钟频率的分频系数可为 1 ~ 65 536 内的任意值；

（3）4 个独立通道，包括输入捕获通道、输出比较通道、生成 PWM 信号、单脉冲模式输出。

可使用外部信号控制定时器互联同步。以下事件发生时可产生中断或 DMA 请求：计数器上溢/下溢出事件，计数器初始化事件（可通过软件、内部事件、外部事件触发）；触发事件（计数器启动事件、停止事件、初始化事件或者由内部、外部触发计数事件）；输入捕获事件；输出比较事件。

可支持正交编码器和霍尔传感器电路接入。因为 STM32 各个定时器的功能架构是相似的，因此掌握一个定时器的使用方法之后，可以很容易拓展至全部的定时器。

脉冲宽度调制（PWM）输出模式可以产生一个由 TIMx_ARR 寄存器确定频率，由 TIMx_CCRx 寄存器确定占空比的信号，并在定时器通道引脚上输出。

4.2.4　驱动模块

STM32 单片机的端口驱动能力非常弱，如果把端口直接连接在舵机上，将会把单片机端口损坏。同时，舵机在摆动运行的时候，电流波动很大，如果单片机与舵机之间没有隔离措施，有可能对单片机正常工作产生影响。通过光耦，单片机的 PWM 驱动信号传递到驱动模块，保证了单片机与舵机在电气上没有连接，舵机不会对单片机产生干扰。

驱动模块还要完成对驱动信号的功率放大，同时为舵机提供驱动电源。

4.3 感知单元

感知器官是生物特有的对环境感知的系统，是客观事物通过感觉器官在脑中的直接反映。感知器官有视觉、听觉、嗅觉、味觉、触觉、第六感官等。仿生学研究历来是科学研究构想的重要源泉之一，自然界生物的感知和认知机理是科学研究中最难攻克的壁垒之一，也是科学家最感兴趣的地方。

感知单元是智能仿生机器鱼的重要组成部分，机器鱼对外界环境的感知主要通过它来实现。感知单元能够使机器鱼获取准确可靠的环境信息，并及时分析信息进行正确判断和决策。智能仿生机器鱼感知单元主要由方位感知系统、视觉感知系统、测线感知系统和距离感知系统 4 大部分组成，其外观如图 4.3 所示。

4.3.1 方位感知系统——IMU

惯性测量单元（Inertial Measurement Unit，简称 IMU）是测量物体三轴姿态角（或角速率）以及加速度的装置。一般情况下一个 IMU 包含了三个单轴的加速度计和三个单轴的陀螺。加速度计检测物体在载体坐标系统独立三轴的加速度信号，而陀螺检测载体相对于导航坐标系的角速度信号，测量物体在三维空间中的角速度和加速度，并以此解算出物体的姿态。IMU 在导航中用着很重要的应用价值。

智能仿生机器鱼上面装载的 IMU 模块是实验室自主研发制作的惯导模块，由一个陀螺仪、一个加速度计和一个地磁传感器以及一个核心控制单元 ARM7 组成，能够测量感知空间三个轴的角度和加速度，这三个轴的角度分别为机器鱼的航向角、俯仰角和翻滚角。控制单元用来进行数据的采集处理与输出，其外观如图 4.4 所示。智能仿生机器鱼通过对角度数据的采集，然后经串口发送到树莓派处理器进行处理运算，最终参与定位算法，来对自身位姿进行确定。IMU 的引入，大大提高了机器鱼定位的快速性和准确性，为机器人水下任务的完成提供了关键依据，也为仿生机器鱼完成各种任务奠定了坚实的基础。

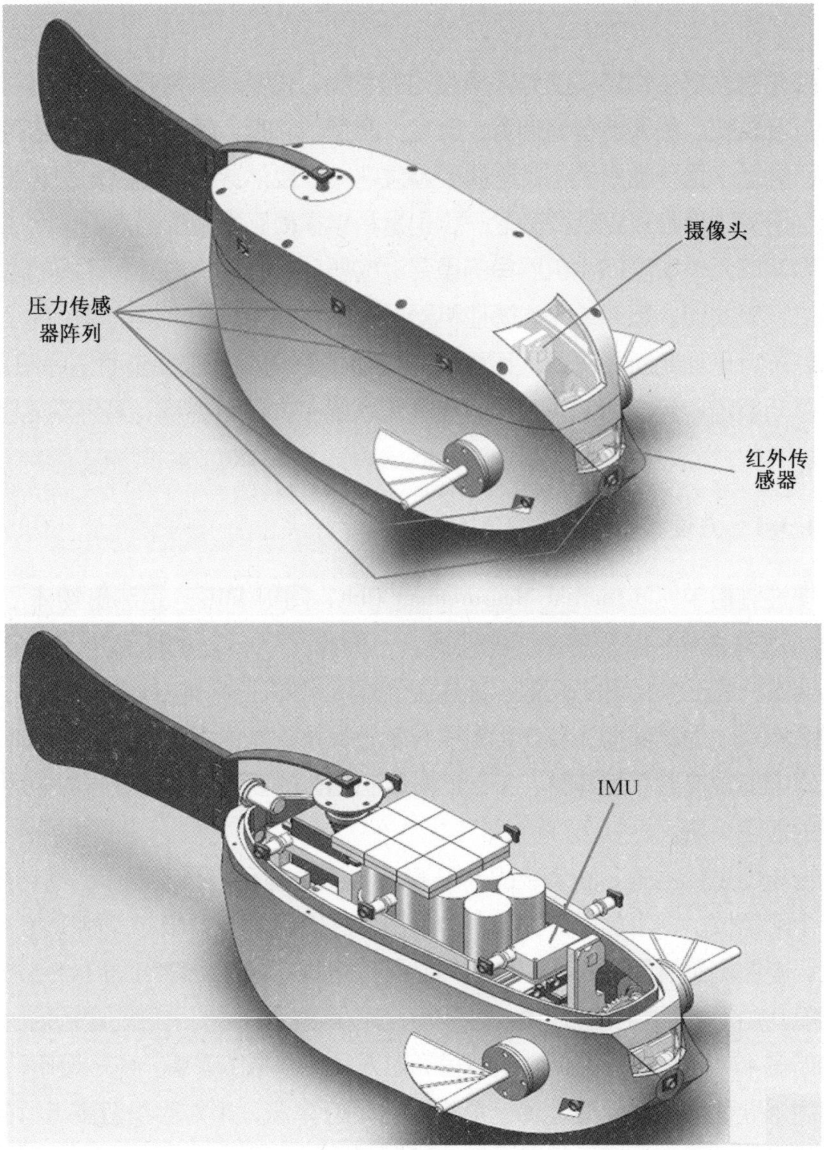

图 **4.3**　机器鱼感知单元示意图

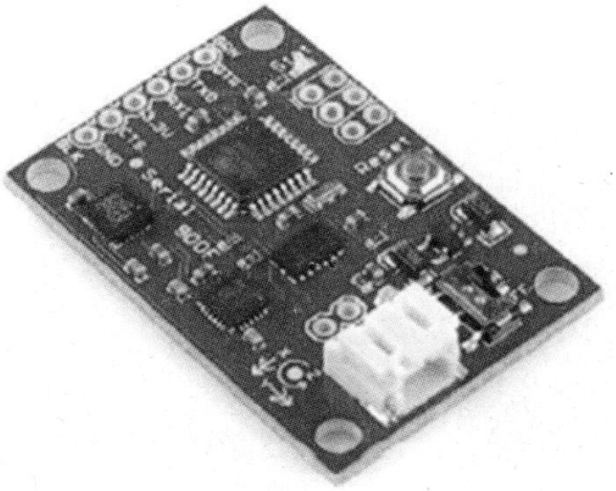

图 4.4　IMU 模块

4.3.2　视觉感知系统——摄像头

机器人视觉是指用计算机和图像捕捉装置来实现人的视觉功能，从而达到对三维世界的识别。智能仿生机器鱼的视觉系统由树莓派处理器和 USB 摄像头组成，这里 USB 摄像头就是图像捕捉装置，用来获取外部图像，并将捕捉到的图像信息发送到处理器进行处理。视觉感知系统感知外部环境要经历三个步骤：图像的获取、图像的处理和分析、控制输出和显示。智能仿生机器鱼通过其携带的前置摄像头实时采集水下图像，进行水下图像处理，从而实现目标物的识别，结合蒙特卡洛定位算法，实现机器鱼的水下自主定位。

水下图像具有低对比度、光线不一致、海雪等特点，造成针对水下视觉进行图像处理有很多固有的难度。基于树莓派的控制核心，能够实现对实体的较好控制；采用 Logitech C110 摄像头进行图像采集，利用 HSV 颜色空间基于形态学，克服水对于图像造成的各种不良状况，很好地识别出标志物，并进行相对距离与角度的计算。利用图像处理的结果，即识别出的先前已知其位置的水下标志物，简化蒙特卡洛定位算法的模型，并将简化后的蒙塔卡洛定位应用于实体机器鱼，实现机器人水下自主定位。

Logitech C110 USB 摄像头外形小巧，是一款 CMOS 摄像头，其物理像素 30 万，通过软件增强可以达到 130 万，较高的分辨率保证采集到的图像信息明亮清晰，便于识别。每秒 30 帧的图像传输速率使得采集的图像连续性强，识别精度高。免驱动安装支持 USB 的即插即用，省去了基于 Linux 操作系统的驱动编写，方便图像处理的实现，其外形如图 4.5 所示。

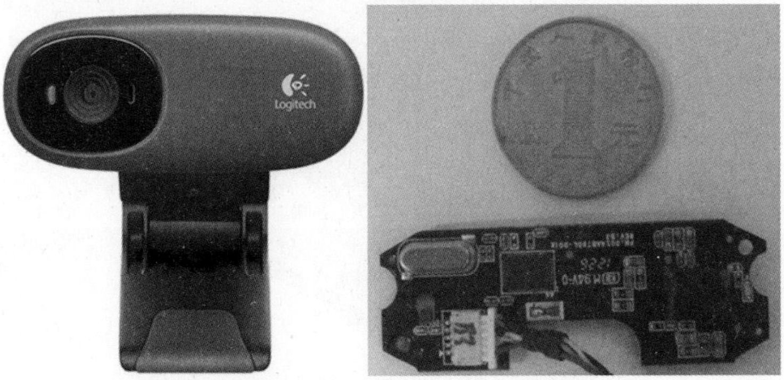

图 4.5　Logitech C110 摄像头及内部构造图

4.3.3　侧线感知系统——压力传感器

侧线系统是鱼类和水生两栖类特有的感觉器官，与捕食、避敌、群游、生殖等行为密切相关。鱼类依靠侧线系统感觉栖息地的水动力特征。鱼类的侧线系统以分散在身体不同部位的神经丘为基础，在鱼类与周围水环境发生相对运动时感觉水流运动。随着机器人技术的进步，人们希望机器人能完成更加复杂的任务，然而水下环境复杂，水波噪声干扰严重，折射等光现象对水下机器人的运动、定位、环境感知有着很强的干扰。如何能克服这些因素，使机器鱼能够感知周围环境，更加精准地完成复杂任务，这是一个迫切需要解决的难题。通过对鱼类侧线的研究，研究人员希望能够在水下机器人上安装感知系统——人造侧线系统，来模仿鱼类侧线对环境的感知，从而使机器鱼在水中达到类似鱼的灵活游动的效果。

智能仿生机器鱼的侧线感知系统主要由基于 STM32 单片机的采集系统和压力传感器感知系统组成。STM32 实时对压力传感器感知到的数据进行采集，并通过 IIC 总线，将采集到的数据信息发送到树莓派进行数据分析与控制。压力传感器对仿生机器鱼周围压力实时感知，感受流体水动力的变化情况。多个压力传感器按照鱼体生态学结构安装组成传感器阵列来模拟鱼体的侧线系统，实现智能仿生机器鱼对周围流体变化的感知。

压力传感器的选取首要考虑的问题就是传感器的防水性，只有防水才能在水下正常工作。考虑到多个传感器阵列的安装，压力传感器的小体积也是要考虑的因素。外观的要求达到了，再看性能的要求。美国 Consensic 公司生产的 MEMS 防水型数字压力传感器 CPS130 是一款高品质电容式绝对压力传感器，其压强测量范围在 30 ~ 120 kPa，集成了温度补偿和 A/D 转换，最终输出数字压强值；高达 14 位的数字输出，保证精确的压强采集值，IIC 总线的支持，确保了多个传感器的挂载，便于数据的实时读取，小尺寸 6.2 mm × 6.2 mm × 2.88 mm（长 × 宽 × 高）的规格，占用空间少，便于安装，其外形如图 4.6 所示。

4.3.4 测距感知系统——红外传感器

红外传感系统是用红外线为介质的测量系统，由红外发射探头和红外接收探头组成，作为一种监测和通信装置，广泛应用于现代生活、国防和工农业等领域。智能仿生机器鱼头部正前方装载了一个红外传感器作为测距感知系统，来感知机器鱼和正前方障碍物的距离。

机器鱼搭载的红外传感器是 SHARP 的 GP2Y0A02YK0F，它体积小 29.5 mm × 13 mm × 21.6 mm，安装占用空间少，测量范围为 20 ~ 150 cm，并能在较远距离就能感知到和障碍物的距离，能在较远处及时对位姿进行调整，红外传感器如图 4.7 所示。通过搭载红外传感器，机器鱼能够实现障碍物的感知能力，为自主鱼的自主定位和位姿调整提供支持。

图 4.6 CPS130 压力传感器

图 4.7 SHARP 的红外传感器

4.4 供电单元

供电单元主要功能是对系统各功能模块提供电源。机器鱼的动力由 8 节镍氢电池提供，每一节镍氢电池的电压为 1.2 V，为机器鱼提供 9.6 V 供电电压。镍氢电池作为系统的一次供电，接下来分成三路：一路供电压监测，另外一路供给 DC－DC 隔离电源，最后一路供给开关电源。其中镍氢电池通过 DC－DC 隔离电源后为感知单元和处理器提供电源，通过开关电源降压后为控制单元提供动力电源，供电单元框图如图 4.8 所示。

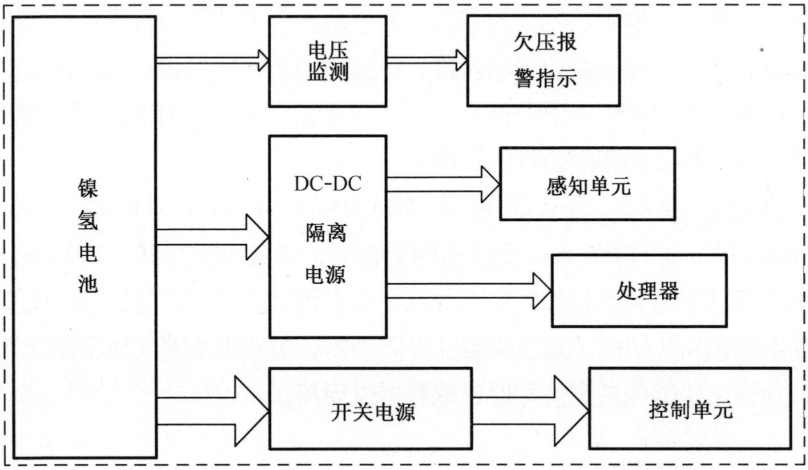

图 4.8　供电单元框图

4.4.1　电压监测

整个系统由电池供电，为保证系统正常工作，需要电池保持一定大小的电压值，为此，专门设计了电压监测电路，通过预先设定好电压监测的阈值，当电压低于阈值电压时，会欠压报警指示，提醒需要及时充电，不能再使用，否则会损伤电池和内部电路。

4.4.2　DC－DC 隔离电源

DC－DC 隔离电源能够把电池电压的波动影响降到最小。由于感知单元、处理器及控制单元功能各异，对电源的要求也不一致。感知单元由多种传感器组成，传感器一般都是检测比较微弱的信号，供电电压的波动会对检测产生非常大的影响，所以，感知单元对功率需求不大，对供电质量要求很高，要求电压纹波很小。机器鱼上的处理器采用树莓派这一开发板，树莓派上集成了许多功能模块，相应的功率增加很多。同时，树莓派对供电的要求也比较高，实验发现，电压波动过大对树莓派上的网卡和 SD 卡影响很大。造成不能有效通信，严重时还会造成 SD 卡内部数据崩溃，不能启动系统。

使用 DC - DC 隔离电源的目的是把镍氢电池电源分成两路相互独立的电源。感知单元与处理器使用 DC - DC 隔离输出电源，控制单元使用开关电源降压后电源。控制单元的大电流会造成电压波动很厉害，如果使用的电源不隔离的话，将会影响感知单元和处理器的正常工作。

DC - DC 隔离电源的功率选择需要从功率和体积上综合考虑。由于机器鱼内部空间的限制，DC - DC 隔离电源不能选用大尺寸的，必须在保证功率的前提下，尽量选择体积紧凑的。

4.4.3 开关电源

DC - DC 隔离电源，要求有一个最合适的输入电压，如果输入电压不合适，将会造成 DC - DC 隔离电源的效率降低，使 DC - DC 隔离电源发热严重。为了使 DC - DC 隔离电源高效率工作，综合考虑镍氢电池供电电压为 9.6 V，舵机工作电压为 6 V，如果把镍氢电池电源直接加在舵机上，将损坏舵机。同时，由于舵机工作电流很大，通过一般的稳压芯片降压将不能达到目的。开关电源的作用是把镍氢电池电压降到舵机工作电压，同时开关电源能够提供大电流。

4.5 通信协议

系统的感知单元、测控平台、控制单元与处理器之间通信都有赖于一定的通信协议完成。感知单元通过 IIC 接口向处理器上传数据，处理器向控制单元发送命令也通过 IIC 接口，处理器与上位机测控平台通过 WiFi 通信。

4.5.1 STM32 的 IIC 接口

STM32 系列微控制器至少集成一个 IIC 设备接口，它提供多主机功能，可实现所有 IIC 总线特定的时序、协议、仲裁和定时功能，支持标准传输和快速传输两种模式，同时与 SMBus 2.0 兼容。IIC 模块有多种功能，包括 CRC 码的生成和校验、支持 SMBus（System Management Bus，系统管理总线）协议和 PMBus（Power Management Bus，电源管理总线）协议。根据特定的需要，还可以使用 DMA 以减轻 CPU 的负担。IIC 的主要特点如下。

（1）配备并行总线/IIC 总线协议转换器。

（2）支持多主机功能：该模块即可作主设备也可作从设备。

（3）IIC 主设备功能：产生时钟并产生起始和停止信号。

（4）IIC 从设备功能：可编程的 IIC 地址；可响应 2 个从地址的双地址能力；停止位检测。

（5）可产生和检测 7 位/10 位地址，可进行广播呼叫。

（6）支持不同的通信速度：标准模式（高达 100 kHz）、快速模式（高达 400 kHz）。

（7）几个状态标志：发送/接收模式标志、发送结束标志、总线忙标志。

（8）错误标志：仲裁丢失标志、应答（ACK）错误标志、错误的起始或停止条件标志、上溢/下溢标志。

（9）2 个中断向量：地址/数据通信成功中断、通信错误中断。

（10）具备拉长时钟功能。

（11）具备单字节缓冲器的 DMA。

（12）配备 PEC（信息包错误检测）单元，可产生或校验 PEC 值；发送模式中，PEC 值可以作为最后一个字节传输；接收模式中，可校验最后一个接收字节的 PEC 值。

（13）兼容 SMBus 2.0 特性：25 ms 时钟的超时延时；10 ms 主设备积累时钟的扩展时间；25 ms 从设备积累时钟的扩展时间；带 ACK 控制的硬件 PEC 单元；支持地址分辨协议（ARP）。

鉴于 STM32 有以上优点，利用 IIC 接口能够使各单元很方便地与处理器通信。

4.6 测控平台

本节将简单为大家介绍一下自主机器鱼的上位机测控平台，该平台可以用来控制自主鱼的参数显示、参数调节、速度测量、游态控制等，如图 4.9 所示。

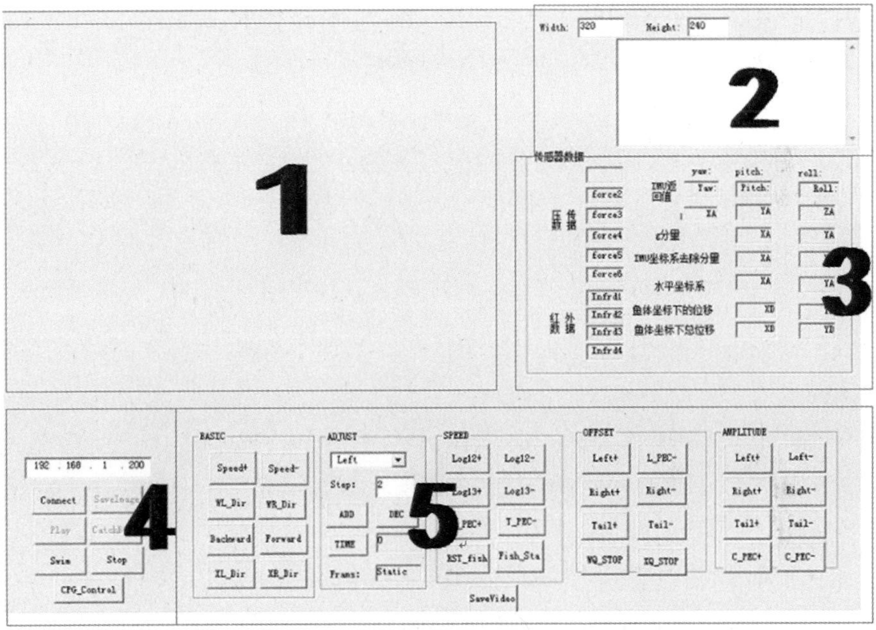

图 4.9 自主鱼测控平台

测控平台主要由以下五大部分组成。

（1）图像显示区：自主机器鱼的头部前端安装有一个图像采集摄像头，可以用来采集水中的图像信息，采集到的信息可以通过无线 WiFi 传到上层测控平台，图像将会在图像显示区域显示。

（2）状态显示区：该区域用来实时地显示自主鱼的各参数和游动状态。

（3）传感器数据显示区：这个区域主要用来显示自主机器鱼身上安装的传感器所采集到的数据，包括红外、压力和 IMU 数据。

（4）网络设置区：这里可以设置上层平台的 IP 地址，该地址必须同自主鱼的 IP 地址相匹配才能进行数据通信；另外，还有一些按键用来调试机器鱼的运动情况。

（5）参数控制区：自主鱼的主要功能都集中在这个区域中，其中的按钮主要用来控制自主机器鱼的游动平率，左右胸鳍的偏移量、摆动幅度、相位差，尾鳍的偏移量、摆动幅度、同胸鳍的相位差等参数。

第 5 章　基于 CPG 的游动控制原理与方法

5.1 引　言

神经生物学研究表明动物的运动是由中枢神经系统递阶式分层控制的，由高到低依次为大脑皮层、脑干、脊椎。生物学家普遍认为，动物的节律行为，如走、跑、跳、泳、飞，是低级神经中枢的自激行为，由位于脊髓（脊椎动物）或胸腹神经节（无脊椎动物）中的中枢模式发生器控制。中枢模式发生器（Central Pattern Generator，CPG）是由中间神经元构成的局部振荡网络，通过神经元之间的相互抑制实现自激振荡，产生具有稳定相位互锁关系的多路（或单路）周期信号，控制肢体或躯体相关部位的节律运动。高层中枢（大脑、小脑）发出运动指令，控制节律运动的起始，并综合 CPG 的中枢反馈信息、本体感受信息、视觉信息等对运动进行监控。来自躯体感受器的反馈信息通过生物反射机制，协调 CPG 与环境、本体的关系，对 CPG 的输出进行调节，整个控制系统组成一个分级模块化反馈控制系统。

在动物的运动控制机理研究过程中，Shik 等于 1966 年提出动物的节律运动是由 CPG 控制的。1979 年，Grillner 和 Zangger 验证了脊椎动物的脊髓中存在 CPG，Duysens 和 Henry 预测了灵长类和人体中存在 CPG 的可能性。至今 CPG 已被证明在许多无脊椎动物和脊椎动物中存在，其中结构基本辨清的有无脊柱动物水蛭的游泳 CPG、龙虾的胃部蠕动 CPG、脊椎动物七鳃鳗的游泳 CPG 等。Brewer 等提出 CPG 是由 3 种基本的中间神经元构成：兴奋神经元、侧抑制神经元、末端交叉抑制神经元。Hooper 提出 CPG 网络具有多功能性，网络的边界是灵活的，可以实现重构。Beer 提出 CPG 电路的中间神经元越多，动物运动的多样性越大。Selverston 等分别研究了链式和阵列式（网状）两种 CPG 网络模型，提出 CPG 的行为是网络的集合行为，表现出整体性。Delcomyn 提出 CPG 可以在缺乏高层控制信号和外部反馈的情况下，自动产生稳定的振荡行为，而高层信号和外部反馈可以对 CPG 的输出起到调节及稳定作用。Matsugu 提出 CPG 的振荡行为可以与外部输入信号耦合，输出取决于输入信号的幅值、频率、多个输入之间的相位关系等。

综上所述，CPG 网络作为一种运动控制机制，主要特点在于：

（1）可以在缺乏高层命令和外部反馈的情况下自动产生稳定的节律信号，而反馈信号或高层命令又可以对 CPG 的行为进行调节；

（2）通过相位锁定，可以产生多种稳定、自然的相位关系，实现不同的运动模式；

（3）易于和输入信号或物理系统耦合，使节律行为在整个系统中传导；

（4）结构简单，且有很强的适应性。

这些特点十分适合于机器人的运动控制，因此，CPG 常被作为机器人运动的底层控制器，如两栖蛇形机器人、四足机器人等。

这里我们分别为仿生机器人的每个关节建立一个新的非线性振荡器 CPG 模型。通过调节 CPG 模型参数使机器人的各个关节协调运动，从而在线产生自然、协调、多样、具有环境自适应性的步态。这种基于生物 CPG 的控制模式可以实现步态间平滑切换，对参数突变和环境扰动具有很好的适应性。我们将基于 CPG 原理的机器人运动控制方法成功地应用在了所研制的智能机器鱼上。

5.2 基于 CPG 的控制方法

CPG 的行为及动态特性可以通过多种方法进行描述或模拟，如非线性微分方程、VLSI 硬件电路、人工神经网络、拓扑图等。从工程上讲，CPG 神经电路可以看作由一组互相耦合的非线性振荡器组成的分布系统，其通过相位耦合实现节律信号的发生，从而改变振荡器之间的耦合关系可以产生具有不同相位关系的时空序列信号，实现不同的运动模式。这里我们受 Ijspeert 模型的启发，为机器鱼设计了一种 CPG 模型，其模型的示意图如图 5.1 所示。该 CPG 模型由三层组成，分别为输入饱和层、振荡器耦合层和输出转换层。

输入饱和层接受来自上层的控制命令 d_v（速度）、d_y（朝向）、d_p（俯仰角）和 d_r（翻转角）。它可以将上层控制命令转化为 CPG 模型的具体控制输入参数。CPG 模型的具体控制输入参数包括机器鱼每个关节摆动频率 f_i，摆动幅

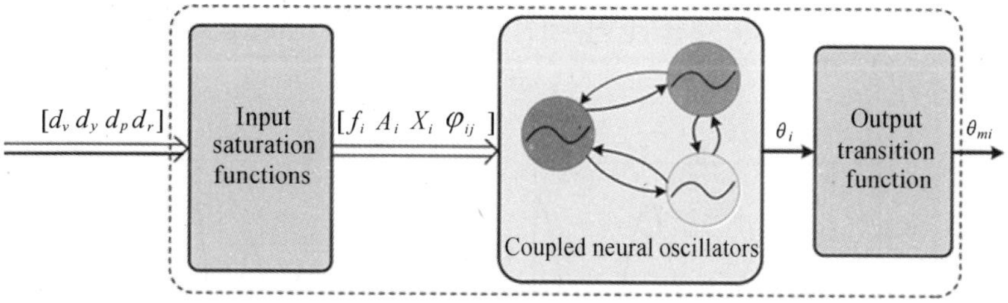

图 5.1　机器鱼模型示意图

度 A_i，关节动态偏移量 X_i 和关节间的相位差 φ_{ij}。这些控制参数通过耦合的神经振荡器的作用，能够产生稳定的 CPG 信号 θ_i。但是这些信号不能直接输送给舵机，必须经过输出转换层，把这些 CPG 信号转换为舵机可以识别的驱动信号 θ_{mi}，来控制电机。其中，耦合振荡器网络的表达式如下：

$$\ddot{r}_i = \alpha[\alpha(R_i - r_i) - 2\dot{r}_i] \tag{5.1}$$

$$\ddot{x}_i = \beta[\beta(X_i - x_i) - 2\dot{x}_i] \tag{5.2}$$

$$\ddot{\phi}_i = \sum_{j=1,\, j\neq i}^{N} \mu_{ij}[\mu_{ij}(\phi_j - \phi_i - \varphi_{ij}) - 2(\dot{\phi}_i - 2\pi v_i)] \tag{5.3}$$

$$\theta_i = x_i + r_i \cos(\phi_i) \tag{5.4}$$

其中，状态变量 r_i，x_i，ϕ_i 分别表示振荡器在时间的振幅、偏移和相位；μ_{ij}是第 i 个关节和第 j 个关节之间的连接权值（第 j 个关节对 i 个关节影响的权值）；φ_{ij}是第 i 个关节和第 j 个关节之间滞后角度（第 j 个关节减去第 i 个关节的值）。通过改变φ_{ij}可以调节各关节之间摆动的相位超前滞后关系，形成多关节协调运动。一般情况，我们取 $v_i = v$。α 和 β 的选取可以影响 CPG 收敛的速度，如图 5.2 我们所作的简单分析。从图中可以看出，当 α 较大时，波形可以较快地收敛并稳定到新的波形，这可以让机器人在运动时有更高的加速度和灵活性。但速度过快的话波形在过渡过程中可能会出现一定程度上的突变，这对机器鱼的舵机是不利的。所以，对于不同的机械结构和任务需要，我们应该选取合适的 α 和 β，以满足我们的需求。

如图 5.3 所示，参数 μ（此时我们假设$\mu_{ij} = \mu$）对 CPG 波形的影响是当 μ 较大时，CPG 波形也会产生一定程度的突变。图 5.3（a）和 5.3（d）中输出信号的波形能够平缓地过渡且无可见突变，但是调整时间较长；图 5.3（b）

和5.3（e）中输出信号的波形能够较快地逼近期望状态，且波形突变较小；图5.3（c）和5.3（f）中输出信号的波形能够更快地趋近期望状态，但是突变也更为明显。

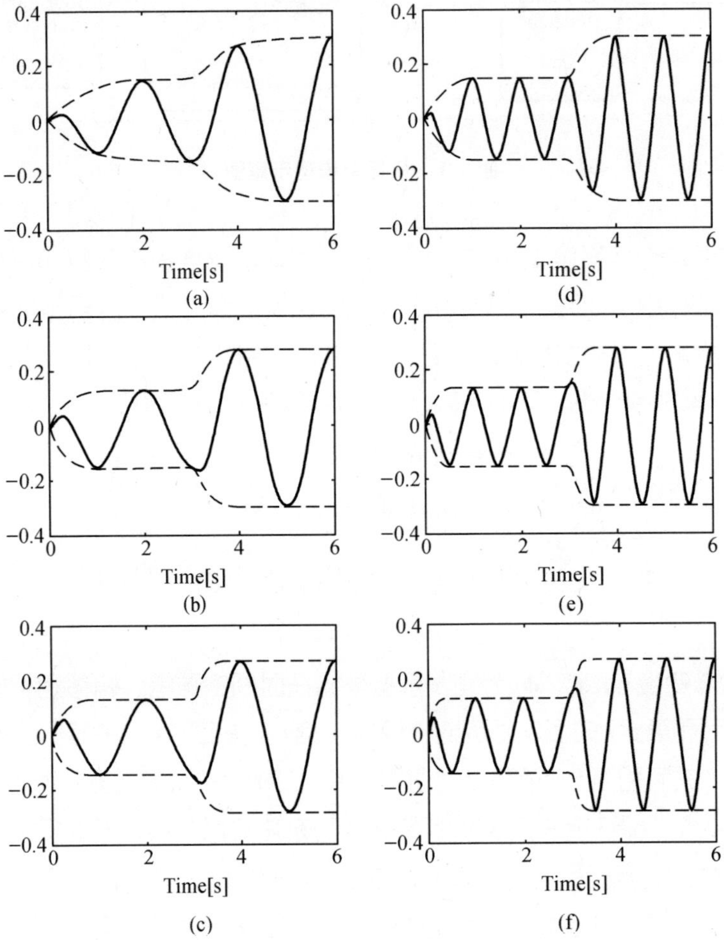

图5.2　α对CPG网络收敛速度的影响

（a）v=0.5 Hz，α=2.92/s；（b）v=0.5 Hz，α=5.84/s；

（c）v=0.5 Hz，α=8.76/s；（d）v=1.0 Hz，α=5.84/s；

（e）v=1.0 Hz，α=11.68/s；（f）v=1.0 Hz，α=17.52/s

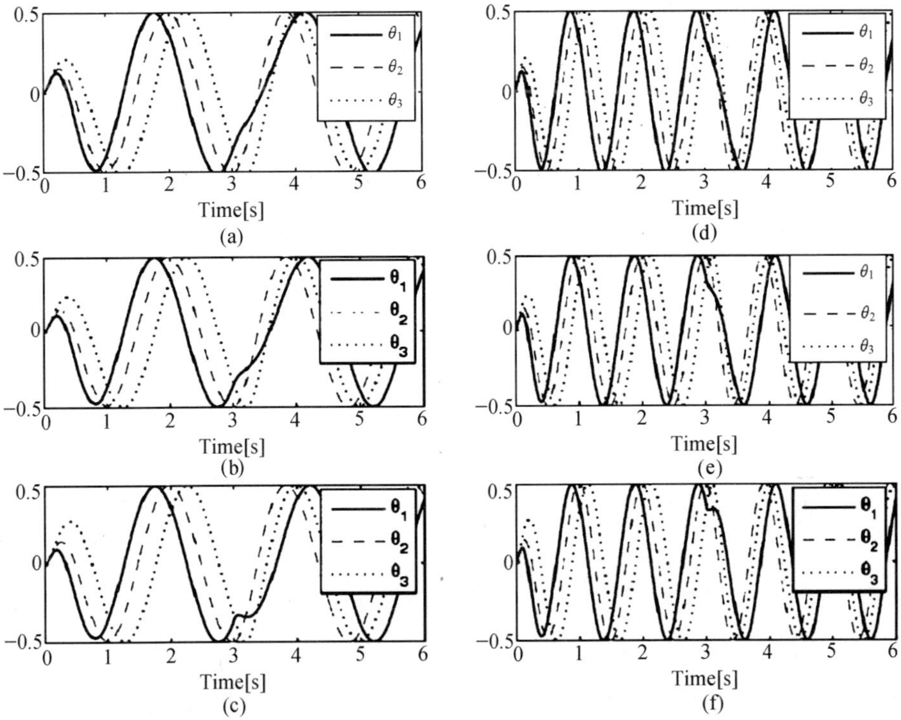

图 5.3　参数 μ 对 CPG 网络波形的影响

(a) $v=0.5$ Hz, $\mu=2.19$/s; (b) $v=0.5$ Hz, $\mu=2.92$/s;

(c) $v=0.5$ Hz, $\mu=4.38$/s; (d) $v=1.0$ Hz, $\mu=4.38$/s;

(e) $v=1.0$ Hz, $\mu=5.84$/s; (f) $v=1.0$ Hz, $\mu=8.76$/s

5.3　CPG 在机器鱼上的实现

5.3.1　CPG 算法的离散化

由于 CPG 在线计算和非线性特性，其运动控制方法与以往的曲线拟合法和正弦控制器等方法相比，有以下显著的优点。

（1）各关节的摆动可以平滑地适应和过渡参数变化引起的频率、幅度突变，从而实现平滑自然的速度调节。

（2）引入的非线性系统提供了抗瞬间扰动的能力。这种基于生物 CPG 的控制方法可以实现步态间平滑切换，对参数突变和环境扰动具有很好的适应性，所以我们机器鱼的运动控制使用 CPG 实现。CPG 运动控制单元由一个 STM32 单片机实现，在电气系统章节已详细说明，现在主要阐述一下具体的算法如何实现。

要想让机器鱼内部的控制器（STM32）识别 CPG 每一步的指令，必须对上面的 CPG 振荡器进行离散化。这里我们取舵机的工作频率 50 Hz，即 $T=0.02$,则式（5.1）~式（5.4）可离散化为：

$$\begin{cases}\dot{a}_i(n+1)=\dot{a}_i(n)+T\{\alpha[\alpha(A_i-a_i(n))-2\dot{a}_i(n)]\}\\ a_i(n+1)=a_i(n)+T\dot{a}_i(n+1)\\ \dot{x}_i(n+1)=\dot{x}_i(n)+T\{\beta[\beta(X_i-x_i(n))-2\dot{x}_i(n)]\}\\ x_i(n+1)=x_i(n)+T\dot{x}_i(n+1)\\ \phi_i(n+1)=\phi_i(n)+T[2\pi f_i+\sum\limits_{j=1,j\neq i}^{N}\mu_{ij}a_j(n)(\phi_j(n)-\phi_i(n)-\varphi_{ij})]\\ \theta_i(n)=x_i(n)+a_i(n)\cos(\phi_i(n))\end{cases} \tag{5.5}$$

其中，n 为迭代的代数。需要注意的是，离散化的过程由于权重 μ_{ij} 的不同，可能造成 CPG 的不稳定，我们取 $\mu_{ij}=10$。

我们模拟真实的 Boxfish，智能机器鱼在低速时使用胸鳍进行推进，在高速游动时使用尾鳍进行推进。所以根据不同的速度命令 d_v，机器鱼表现出两种基本的游动步态，即胸鳍步态和尾鳍步态，在不同的步态下又可以实现丰富的游动模态。为此，我们设计的输入饱和层函数如下：

$$f_i=g_{f_i}(d_v)=\begin{cases}c_{f_i}d_v+f_{i,b}, & \text{if } d_v^{i,\min}\leqslant d_v\leqslant d_v^{i,\max};\\ f_{i,sat} & \text{otherwise}\end{cases} \tag{5.6}$$

$$A_i=g_{A_i}(d_v)=\begin{cases}c_{A_i}d_v+A_{i,b}, & \text{if } d_v^{i,\min}\leqslant d_v\leqslant d_v^{i,\max};\\ A_{i,sat} & \text{otherwise}\end{cases} \tag{5.7}$$

$$\varphi_{ij}=g_{\varphi_{ij}}(d_v)=\begin{cases}c_{\varphi_{ij}}d_v+\varphi_{ij,b}, & \text{if } d_v^{i,j,\min}\leqslant d_v\leqslant d_v^{ij,\max};\\ f_{i,sat} & \text{otherwise}\end{cases} \tag{5.8}$$

其相应的图形表示如图 5.4 所示，可以看出，机器鱼的速度激励较低（低速运行）时，两个胸鳍进行的幅度不为零，可实现机器鱼的推进运动，而尾鳍的摆动幅度为零，以此来达到降低能量消耗的目的。而当机器鱼的速度激励较高（高速运行）时，机器鱼的胸鳍停止摆动，靠机器鱼的尾鳍摆动来实现高速推进。

图 5.5 所示为机器鱼 CPG 的各关节在机器鱼不同的速度激励时的摆动频率

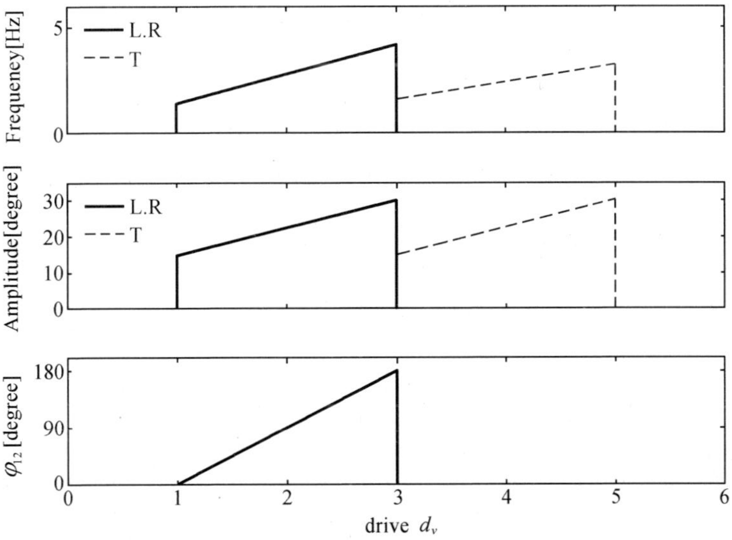

图 5.4　机器鱼输入饱和函数图

和摆动幅度的变化，同时可以看出在在激励 $d_v=3$ 时，出现了机器鱼步态的切换。值得注意的是，由于使用 CPG 的控制方式，步态切换时机器鱼各个鳍肢的运动都平滑地过渡到了稳态，并没有出现突变现象，这能让机器鱼的运动保持很好的连续性，同时可以避免机器鱼的关节舵机出现力矩过大而烧坏的现象。

5.3.2　基于 CPG 多模态运动

在不同的输入控制命令 d_v（速度）、d_y（朝向）、d_p（俯仰角）和 d_r（翻转角）的组合控制下，我们设计的 CPG 控制网络可实现机器鱼的多模态运动。如图 5.6 所示，机器鱼每两秒变化一次控制参数，从而呈现出了多种的游动模态。首先在胸鳍步态阶段:（1）$0\leqslant t\leqslant 2$ s 时，机器鱼快速直游；（2）$2\leqslant t\leqslant 4$ s 时，机器鱼转弯；（3）$4\leqslant t\leqslant 6$ s 时，机器鱼倒游；（4）$6\leqslant t\leqslant 8$ s 时，机器鱼上浮；（5）$8\leqslant t\leqslant 10$ s 时，机器鱼翻转；（6）$10\leqslant t\leqslant 12$ s 时，机器鱼慢速直游；其次是尾鳍步态阶段:（7）$12\leqslant t\leqslant 14$ s 时，机器鱼慢速直游；（8）$14\leqslant t\leqslant 16$ s 时，机器鱼转弯；（9）$16\leqslant t\leqslant 18$ s 时，机器鱼下潜；（10）$18\leqslant t\leqslant 20$ s 时，机器鱼快速直游。机器鱼这种基于 CPG 的控制三维空间内的多游动模态的能力对机器鱼以后复杂的运动规划和任务执行有着很重要的作用，如图 5.7 ~ 图 5.10 所示。

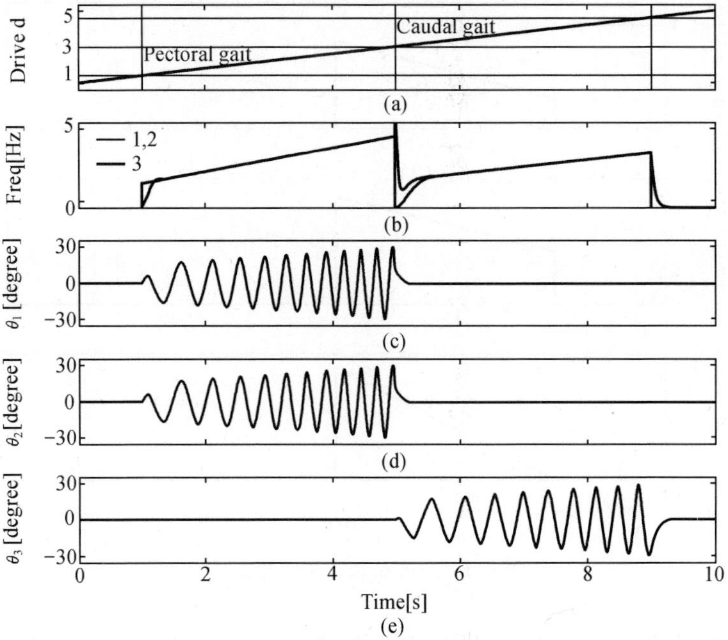

图 5.5　基于 CPG 的机器人步态切换

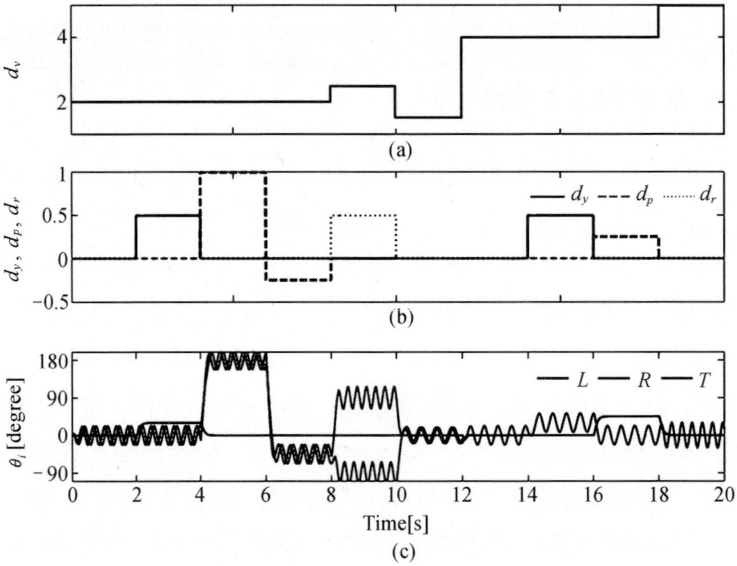

图 5.6　在不同控制输入下，CPG 表现出的多模态运动

(a)

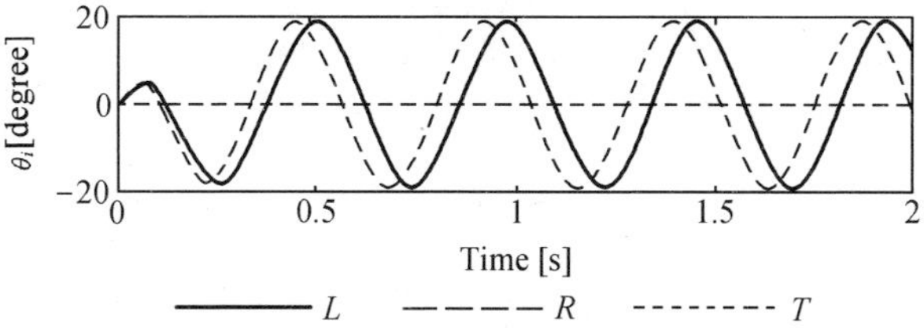

图 5.7　机器鱼胸鳍模态直游的 CPG 波形和实物图片

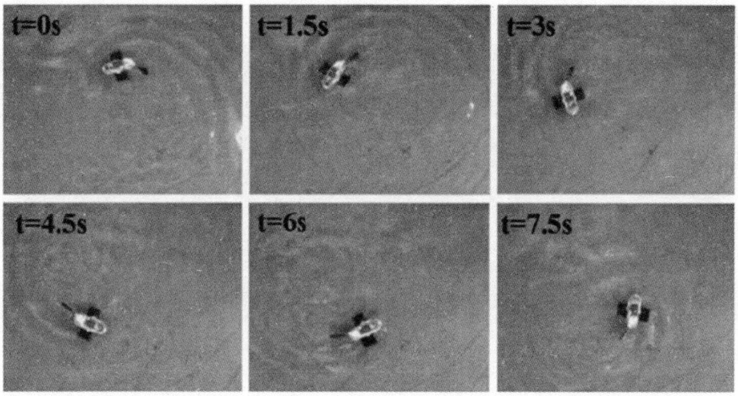

(a)

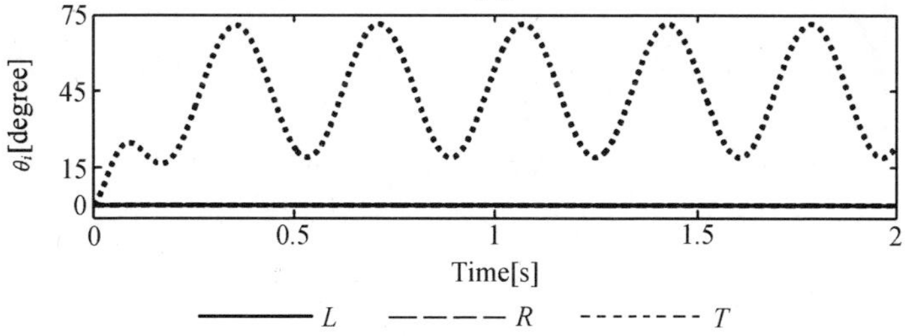

图 5.8　机器鱼尾鳍转弯的 CPG 波形和实物图片

(a)

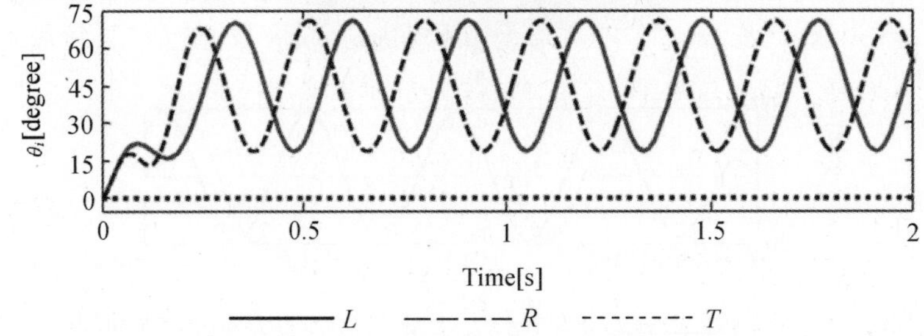

图 5.9　机器鱼下潜时波形和实物图片

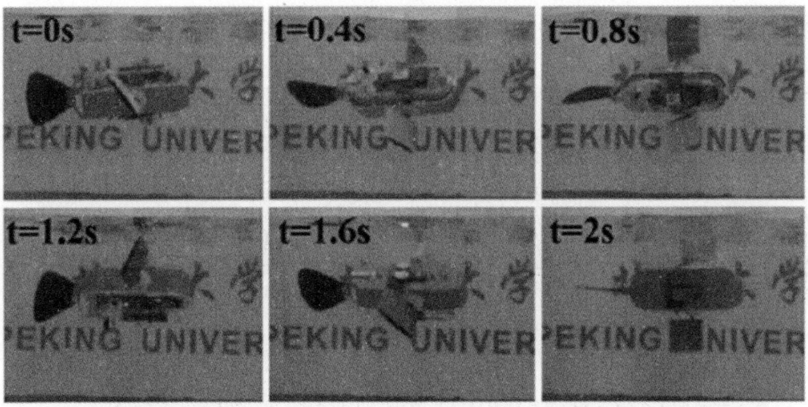

(a)

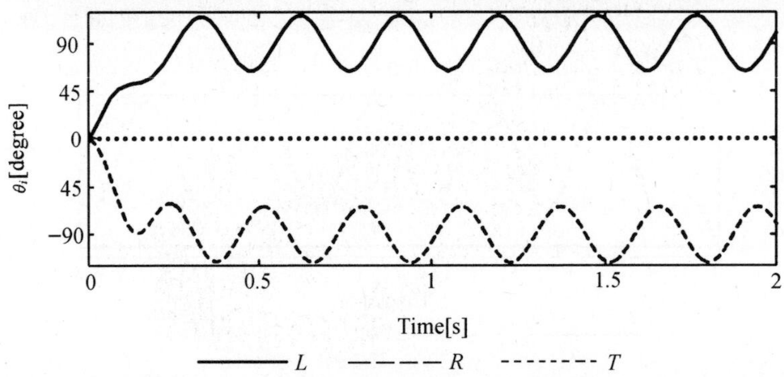

图 5.10　机器鱼翻转时波形和实物图片

5.4 智能仿生箱鲀运动控制

5.4.1 基本运动控制方法

智能仿生箱鲀通过胸鳍和尾鳍的摆动进行游动。由于正弦信号可以产生平滑的振动且允许对控制参数进行方便灵活的调整，因此采用了正弦信号法对箱鲀关节进行控制。箱鲀各关节按以下方程进行简谐振动：

$$\theta(t) = \Phi + A\sin(2\pi f t + \varphi)$$

其中，$\theta(t)$ 为 t 时刻的关节目标角度，Φ 为关节偏移量，A 表示关节摆动幅值，f 为摆动频率，φ 代表关节之间的相位差。胸鳍所产生推进力的大小可通过改变摆动幅值 A 和频率 f 进行调节，而推进力方向由关节偏移量 Φ 决定。相位差 φ 可用来耦合箱鲀各个关节之间的运动以设计不同的游动模式。

5.4.2 平面内游动

1. 游直线

驱动尾鳍左右对称摆动（$A_t>0$，$f_t>0$，$\Phi_t=0$），而胸鳍保持与水平面平行（$A_p=0$，$\Phi_p=0$）；或保持尾鳍与身体成直线（$A_t=0$，$\Phi_t=0$），使左右胸鳍在水平面上下同步摆动（$A_p>0$，$f_p>0$，$\varphi_{lp}=\varphi_{rp}$）。当 $\Phi_p=0$ 时，箱鲀向前游；当 $\Phi_p=180°$时，箱鲀向后游，如图 5.11 和 5.12 所示。

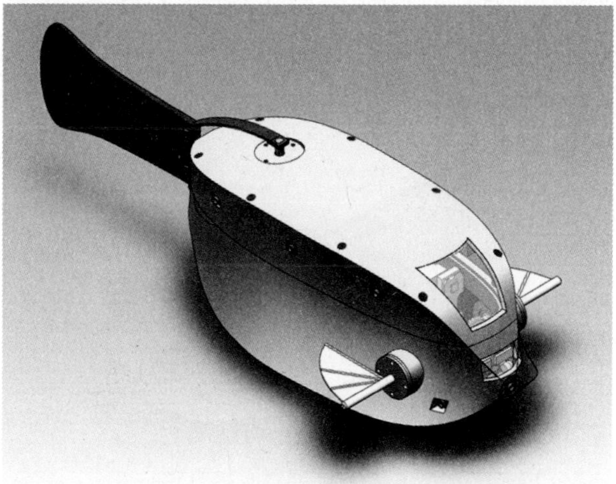

图 5.11 智能仿生箱鲀游直线

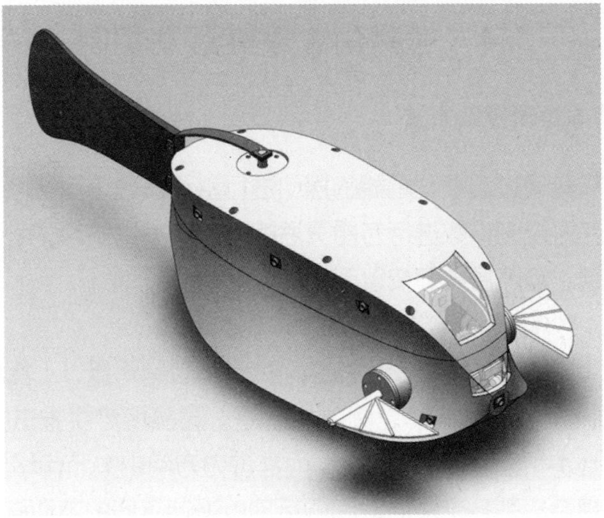

图 5.12　智能仿生箱鲀游直线（倒游）

2. 游曲线

驱动尾鳍的摆动叠加一个角度偏移量（$A_t>0$，$f_t>0$，$\Phi_t\neq0$），而胸鳍保持与水平面平行（$A_p=0$，$\Phi_p=0$），如图 5.13 所示。

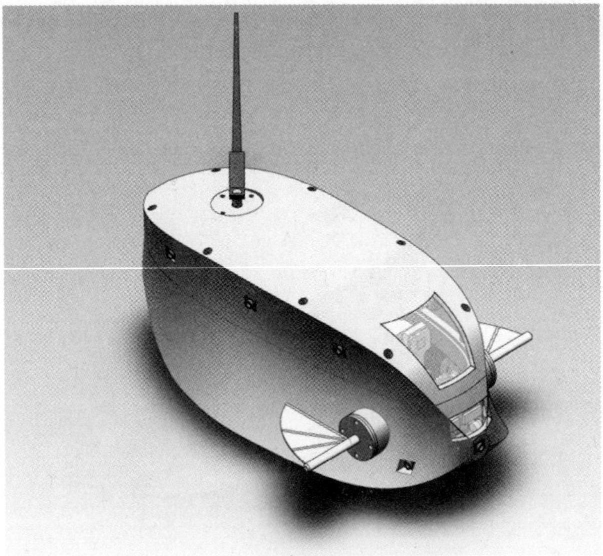

图 5.13　智能仿生箱鲀游曲线

3. 原地转弯

保持尾鳍与身体成一夹角（$A_t=0$，$\Phi_t\neq0$），并使一侧胸鳍产生向前的推进力而另一侧胸鳍产生向后的推进力。当 $\Phi_{lp}=0$，$\Phi_{rp}=180°$时，箱鲀向右转；当 $\Phi_{lp}=180°$，$\Phi_{rp}=0$ 时，箱鲀向左转，如图 5. 14 所示。

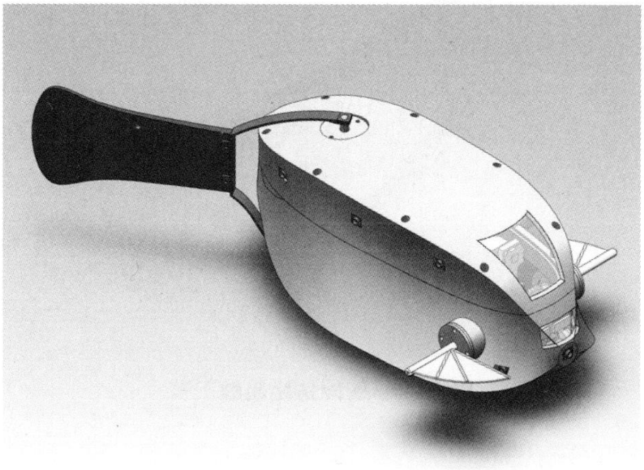

图 5. 14　智能仿生箱鲀原地转弯

5. 4. 3　空间内游动

1. 升潜游动

驱动尾鳍左右对称摆动（$A_t>0$，$f_t>0$，$\Phi_t=0$），而胸鳍保持与水平面成一夹角（$A_p=0$，$\Phi_p\neq0$）；或保持尾鳍与身体成直线（$A_t=0$，$\Phi_t=0$），使左右胸鳍在与水平面成一夹角的平面上下同步摆动（$A_p>0$，$f_p>0$，$\varphi_{lp}=\varphi_{rp}$）。

当 $\Phi_p>0$ 时，箱鲀上升；当 $\Phi_p<0$ 时，箱鲀下潜，如图 5. 15 所示。

2. 翻转游动：

保持尾鳍与身体成直线（$A_t=0$，$\Phi_t=0$），使左右胸鳍在与水平面成一夹角的平面上下同步摆动（$A_p>0$，$f_p>0$，$\varphi_{lp}=180°+\varphi_{rp}$），如图 5. 16 所示。

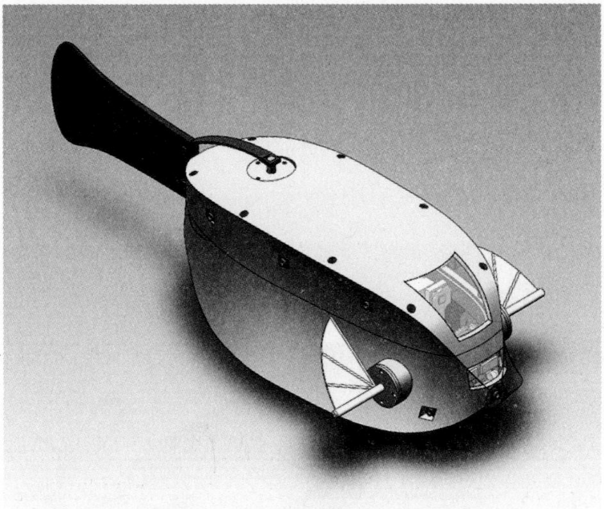

图 5.15　智能仿生箱鲀下潜

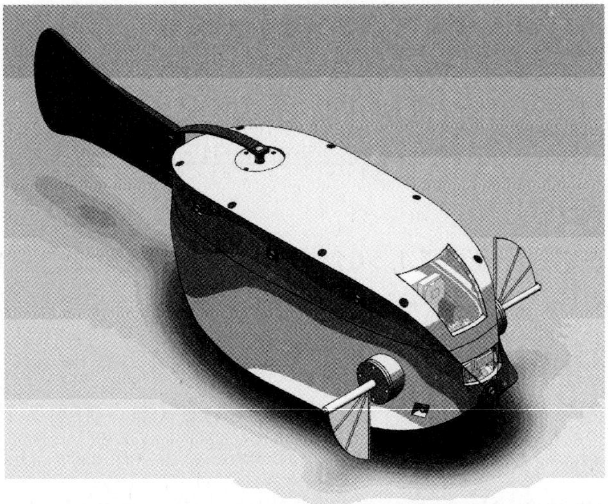

图 5.16　智能仿生箱鲀滚转

第 6 章　运动性能优化

6.1　引　　言

优化技术是依托于数学，用于寻求各种复杂工程优化问题的应用技术。一直以来优化理论都作为一门重要的学科分支，受到人们的广泛关注和重视，并且随着研究的深入，使得优化技术在诸多工程领域和管理学科中得到迅速推广和应用，如人工智能、系统控制、网络优化、生产调度等。由于在实际的工程中，问题存在着复杂性、非线性、约束性、建模困难等特点，找寻一种适合解决以上复杂问题并且具有智能特征的算法已成为优化理论领域的一个主要研究目标和重要研究方向。20 世纪 80 年代以来，一些新颖的智能优化算法陆续被提出，如蚁群算法、粒子群优化算法、遗传算法、模拟退火、禁忌搜索以及混合优化方法等，这些算法涉及群体行为、生物进化、物理科学和统计力学等概念，都是以一定的直观基础现象构造的算法，为解决复杂问题提供了新的思路和手段。这些算法独特的优点和机制引起了国内外学者的广泛重视，并掀起了该领域的研究热潮，且在诸多领域得到了成功应用。

目前，应用比较广泛的智能优化算法主要有群智能算法、遗传算法、禁忌搜索、模拟退火等。这些算法的兴起与计算复杂性理论的形成有密切的联系，当人们不满足常规算法求解复杂问题时，现代智能优化算法开始体现其作用。这些算法同人工智能、计算机科学和运筹学迅速融合，促进了复杂优化问题的分析和解决。下面我们就简要介绍这些算法的发展过程和基本理论。

6.1.1　群智能算法

随着人们对生命本质的不断了解，生命科学正以前所未有的速度迅猛发展，使人工智能的研究开始摆脱经典逻辑计算的束缚，大胆探索起新的非经典计算途径。在这种背景下，社会性动物（如蚁群、蜂群、鸟群等）的自组织行为引起了人们的广泛关注，许多学者对这种行为进行数学建模并用计算机对其进行仿真，这就产生了所谓的“群智能”。社会性动物的妙处在于：个体的行为都很简单，但当它们一起协同工作时，却能够“突现”出非常复杂（智能）的行为特征。例如，单只蚂蚁的能力极其有限，但当这些简单的蚂蚁组成蚁群时，却能完成像筑巢、觅食、迁徙、清扫蚁巢等复杂行为；一群行为显得盲目的蜜蜂却能造出精美的蜂窝；鸟群在没有集中控制的情况下能够同步飞行等。在这些自组织行为中，又以蚁群在觅食过程中总能找到一条从蚁巢到食物源的最短路径最为引人注目。群智能算法作为一种新兴的演化计算技术，已成为越来越多研究者的关注焦点，它与人工生命，特别是进化策略以及遗传算法有着极为特殊的联系。群智能算法研究领域主要有两种算法：粒子群优化算法和蚁群算法。

1. 粒子群优化算法

粒子群优化算法（Particle Swarm Optimization，简称 PSO），或称粒子群优化，是人工智能算法的一种，1995 年由詹姆斯·肯尼斯（James Kennedy）与拉赛尔·埃伯哈特（Russell. C. Eberhart）两位学者所提出。两位学者从观察鸟类种群觅食的讯息传递得到的启发，经过试验验证得到了这种基于种群的优化算法。粒子群算法的理论基础是以单一粒子来作为鸟类族群之中的单一个体，在算法中赋予该粒子（个体）记忆性，并能够透过与粒子群体中的其他粒子之间的互动而寻求到最适解。因此粒子群算法的基础理论可以理解为，任一个体（粒子）皆可拥有自身移动过程中所产生的记忆与经验。当个体移动的同时，能依照自身的经验与记忆来学习调整自身的移动方向，由于在粒子群算法中，多个粒子是同时移动的，且同时以自身经验与其他粒子所提供的经验进行比对找寻最适当的解，并使自己处于最适解中。粒子群算法的特性使得粒子不单单受自身演化的影响，同时会对群体间的演化拥有学习性、记忆性，并使粒子本身达到最佳调整。关于粒子群算法的具体迭代过程将在下节详细介绍。

2. 蚁群算法

蚁群算法（Ant Colony Optimization，简称 ACO），又称蚂蚁算法，是一种用来在图中寻找优化路径的概率型算法。它由 Marco Dorigo 于 1992 年在他的博士论文中提出，其灵感来源于蚂蚁在寻找食物过程中发现路径的行为。M. Dorigo 在观察蚂蚁的觅食习性时发现，蚂蚁总能找到巢穴与食物源之间的最短路径。经研究发现，蚂蚁的这种群体协作功能是通过一种遗留在其来往路径上被称为信息素（Pheromone，该物质随着时间的推移会逐渐挥发消失，信息素浓度的大小表征路径的远近）的挥发性化学物质来进行通信和协调的。化学通信是蚂蚁采取的基本信息交流方式之一，在蚂蚁的生活习性中起着重要的作用。整个蚁群就是通过这种信息素进行相互协作，形成正反馈，从而使多个路径上的蚂蚁都逐渐聚集到最短的那条路径上。

各个蚂蚁在没有事先告诉他们食物在什么地方的前提下开始寻找食物。当一只蚂蚁找到食物以后，它会向环境释放信息素，吸引其他的蚂蚁过来，这样越来越多的蚂蚁会找到食物。有些蚂蚁并没有像其他蚂蚁一样总重复同样的路，它们会另辟蹊径，如果另开辟的道路比原来的其他道路更短，那么，渐渐地，更多的蚂蚁被吸引到这条较短的路上来。最后，经过一段时间，可能会出现一条最短的路径被大多数蚂蚁重复着。

蚁群算法是一种模拟进化算法，初步的研究表明该算法具有许多优良的性质。该算法之所以能引起相关领域研究者的注意，是因为这种求解模式能将问题求解的快速性、全局优化特征以及有限时间内答案的合理性结合起来。其中，寻优的快速性是通过正反馈式的信息传递和积累来保证的，而算法的早熟性收敛又可以通过其分布式计算特征加以避免。正是由于蚁群算法有以上这些特点，使得以该算法为代表的蚁群智能已成为当今分布式人工智能研究的一个热点，许多源于蜂群和蚁群模型设计的算法已越来越多地被应用于图着色问题、大规模集成电路设计、通信网络中的路由问题以及负载平衡问题、车辆调度、企业运转模式管理等问题中。

6.1.2 遗传算法

遗传算法（Genetic Algorithm，简称 GA）是模拟达尔文生物进化论的自然选择和遗传学机理的生物进化过程的计算模型，是一种通过模拟自然进化过程搜索最优解的方法。遗传算法它最初由美国 Michigan 大学 J. Holland 教授于 1975 年首先提出，J. Holland 教授所提出的 GA 通常为简单遗传算法（SGA）。

在遗传算法里，优化问题的解被称为个体，它表示为一个变量序列，称为染色体或者基因串。染色体一般被表达为简单的字符串或数字串，不过也有其他的依赖于特殊问题的表示方法，这一过程称为编码。首先，算法随机生成一定数量的个体，有时候操作者也可以对这个随机产生过程进行干预，以提高初始种群的质量。在每一代中，每一个个体都被评价，并通过计算适应度函数得到一个适应度数值。种群中的个体被按照适应度排序，适应度高的在前面。这里的“高”是相对于初始种群的低适应度来说的。

接下来是产生下一代个体并组成种群。这个过程是通过选择和繁殖完成的，其中繁殖包括交配（Crossover，在算法研究领域中我们称之为交叉操作）和突变（Mutation）。选择则是根据新个体的适应度进行的，但同时并不意味着完全的以适应度高低作为导向，因为单纯选择适应度高的个体将可能导致算法快速收敛到局部最优解而非全局最优解，我们称之为早熟。作为折中，遗传算法采取的依据为：适应度越高，被选择的机会越高，而适应度低的，被选择的机会就低。初始的数据可以通过这样的选择过程组成一个相对优化的群体，之后，被选择的个体进入交配过程。一般的遗传算法都有一个交配概率（又称为交叉概率），范围一般是 0.6 ~ 1，这个交配概率反映两个被选中的个体进行交配的概率。例如，交配概率为 0.8，则 80% 的“夫妻”会生育后代。每两个个体通过交配产生两个新个体，代替原来的“老”个体，而不交配的个体则保持不变。交配父母的染色体相互交换，从而产生两个新的染色体，第一个个体前半段是“父亲”的染色体，后半段是“母亲”的，第二个个体则正好相反。不过这里的半段并不是真正的一半，这个位置称为交配点，也是随机产生的，可以是染色体的任意位置。最后一步是突变，通过突变产生新的“子”个体。一般遗传算法都有一个固定的突变常数（又称为变异概率），通常是 0.1 或者更小，这代表变异发生的概率。根据这个概率，新个体的染色体随机突变，通常就是改变染色体的一个字节（0 变到 1，或者 1 变到 0）。

遗传进化算法主要的特点体现在以下几方面。

（1）搜索过程不直接作用在变量上，而是作用在参数集进行编码的个体上，并且此编码操作使得进化算法可直接对结构对象进行操作。

（2）搜索过程是从一组解迭代到另一组解，采用同时处理种群中多个个体的方法，降低了陷入局部最优解的可能性，并易于并行化。

（3）采用概率的变迁规则来指导搜索方向，而不采用确定性搜索规则。采用概率仅仅是作为一种工具来引导其搜索过程朝着搜索空间的更优化的解区移动，因此，虽然看起来它是一种盲目搜索方法，但实际上有明确的搜索方向。

（4）对搜索空间没有任何要求（如连通性、凸性等），只利用适应性信息（即目标函数），不需要导数、连续等其他辅助信息，而且其定义域可以任意设定，因而适应范围广。

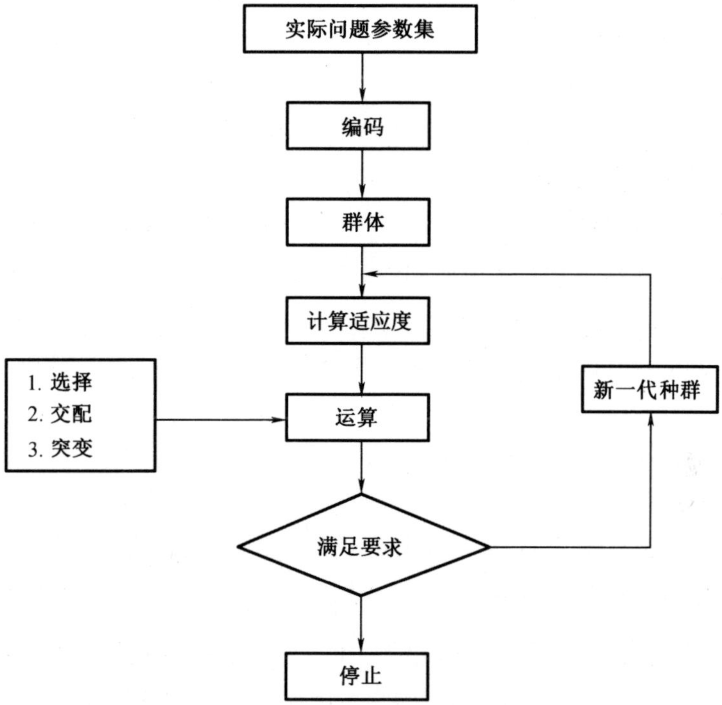

图 6.1 遗传算法流程图

经过这一系列的过程（选择、交配和突变），产生的新一代个体不同于初始的一代，并一代一代向增加整体适应度的方向发展，因为最好的个体总是更多地被选择去产生下一代，而适应度低的个体逐渐被淘汰掉。这样的过程不断重复：每个个体被评价，计算出适应度，两个个体交配，然后突变，产生第三代。周而复始，直到终止条件满足为止。

遗传算法还具有以下几方面的特点。

（1）遗传算法从问题解的串集开始搜索，而不是从单个解开始，这是遗传算法与传统优化算法的最大区别。传统优化算法是从单个初始值迭代求最优解，因此容易误入局部最优解；遗传算法从串集开始搜索，覆盖面大，利于全局择优。

（2）遗传算法同时处理群体中的多个个体，即对搜索空间中的多个解进行评估，减少了陷入局部最优解的风险，同时算法本身易于实现并行化。

（3）遗传算法基本上不用搜索空间的知识或其他辅助信息，而仅用适应度函数值来评估个体，在此基础上进行遗传操作。适应度函数不仅不受连续可微的约束，而且其定义域可以任意设定。这一特点使得遗传算法的应用范围大大扩展。

（4）遗传算法不是采用确定性规则，而是采用概率的变迁规则来指导搜索方向。

（5）具有自组织、自适应和自学习性。遗传算法利用进化过程获得的信息自行组织搜索时，适应度大的个体具有较高的生存概率，并获得更适应环境的基因结构。

正是由于遗传算法具有以上特点，才能得到广泛的应用。20 世纪 90 年代后，遗传算法进入了兴盛发展时期，无论是理论研究还是应用研究都成了十分热门的课题。尤其是遗传算法的应用研究显得格外活跃，不但它的应用领域扩大，而且利用遗传算法进行优化和规则学习的能力也显著提高，同时产业应用方面的研究也在摸索之中。此外一些新的理论和方法在应用研究中亦得到了迅速发展，这些无疑均给遗传算法增添了新的活力。遗传算法的应用研究已从初期的组合优化求解扩展到了许多更新、更工程化的应用方面。

6.1.3 模拟退火

模拟退火（Simulated Annealing，简称 SA）是一种通用概率算法，用来在固定时间内寻求在一个大的搜寻空间内找到的最优解。模拟退火是 S. Kirkpatrick，C. D. Gelatt 和 M. P. Vecchi 在 1983 年所提出的。

模拟退火来自冶金学的专有名词退火。退火是将材料加热后再经特定速率冷却，目的是增大晶粒的体积，并且减少晶格中的缺陷。材料中的原子原来会停留在使内能有局部最小值的位置，加热使能量变大，原子会离开原来位置，且随机地在其他位置中移动。退火冷却时速度较慢，使得原子有较多可能可以找到内能比原先更低的位置。

模拟退火的原理也和金属退火的原理近似：我们将热力学的理论套用到统计学上，将搜寻空间内每一点想象成空气内的分子；分子的能量，就是它本身的动能；而搜寻空间内的每一点，也像空气分子一样带有“能量”，以表示该点对命题的合适程度。算法先以搜寻空间内一个任意点作起始：每一步先选择一个“邻居”，然后再计算从现有位置到达“邻居”的概率。可以证明，模拟退火算法所得解依概率收敛到全局最优解。

模拟退火算法新解的产生和接受可分为如下四个步骤：

（1）由一个产生函数从当前解产生一个位于解空间的新解；为便于后续的计算和接受并减少算法耗时，通常选择由当前新解经过简单变换即可产生新解的方法，如对构成新解的全部或部分元素进行置换、互换等。注意到产生新解的变换方法决定了当前新解的邻域结构，因而对冷却进度表的选取有一定的影响。

（2）计算与新解所对应的目标函数差。因为目标函数差仅由变换部分产生，所以目标函数差的计算最好按增量计算。事实表明，对大多数应用而言，这是计算目标函数差的最快方法。

判断新解是否被接受，判断的依据最常用的接受准则是 Metropolis 准则：若 $\Delta t' < 0$ 则接受 S' 作为新的当前解 S，否则以概率 $\exp(-\Delta t'/T)$ 接受 S' 作为新的当前解 S。

（3）当新解被确定接受时，用新解代替当前解，这只需将当前解中对应于产生新解时的变换部分予以实现，同时修正目标函数值即可。此时，当前解实现了一次迭代。可在此基础上开始下一轮试验。而当新解被判定为舍弃时，则在原当前解的基础上继续下一轮试验。

（4）模拟退火算法与初始值无关，算法求得的解与初始解状态 S（是算法迭代的起点）无关；模拟退火算法具有渐近收敛性，已在理论上被证明是一种以概率 1 收敛于全局最优解的全局优化算法；模拟退火算法具有并行性。

6.1.4　禁忌搜索

禁忌搜索（Tabu Search，简称 TS）又称禁忌搜寻法，是一种现代启发式算法，由美国科罗拉多大学教授 Fred Glover 在 1986 年左右提出。禁忌搜索是对局部领域搜索的一种扩展，是一种全局逐步寻优算法，是对人类智力过程的一种模拟，是一个用来跳脱局部最优解的搜索方法。TS 算法通过引入一个灵活的存储结构和相应的禁忌准则来避免迂回搜索，并通过藐视准则来赦免一些被禁忌的优良状态，进而保证多样化的有效探索以最终实现全局优化，提高解的质量。

禁忌搜索是人工智能的一种体现，是局部领域搜索的一种扩展。禁忌搜索最重要的思想是标记对应已搜索的局部最优解的一些对象，并在进一步的迭代搜索中尽量避开这些对象（而不是绝对禁止循环），从而保证对不同的有效搜索途径的探索。禁忌搜索涉及领域（Neighborhood）、禁忌表（Tabu List）、禁忌长度（Tabu Length）、候选解（Candidate）、藐视准则（Candidate）等概念。

简单的禁忌搜索是在领域搜索的基础上，通过设置禁忌表来禁忌一些已经历的操作，并利用藐视准则来奖励一些优良状态，其中领域结构、候选解、禁忌长度、禁忌对象、藐视准则、终止准则等是影响禁忌搜索算法性能的关键。需要指出的是：

首先，由于 TS 是局部领域搜索的一种扩充，因此领域结构的设计很关键，它决定了当前解的领域解的产生形式和数目，以及各个解之间的关系。

其次，出于改善算法的优化时间性能的考虑，若领域结构决定了大量的领域解（尤其对大规模问题，如 TSP 的 SWAP 操作将产生 Cn^2 个领域解），则可以仅尝试部分互换的结果，而候选解也仅取其中的少量最佳状态。

禁忌长度是一个很重要的关键参数，它决定禁忌对象的任期，其大小直接影响整个算法的搜索进程和行为。同时，以上示例中，禁忌表中禁忌对象的替换是采用 FIFO 方式（不考虑藐视准则的作用），当然也可以采用其他方式，甚至是动态自适应的方式。

藐视准则的设置是算法避免遗失优良状态，激励对优良状态的局部搜索，进而实现全局优化的关键步骤。

对于非禁忌候选状态，算法无视它与当前状态的适配值的优劣关系，仅考虑它们中间的最佳状态为下一步决策，如此可实现对局部极小的突跳（是一种确定性策略）。

为了使算法具有优良的优化性能或时间性能，必须设置一个合理的终止准则来结束整个搜索过程。

相对于模拟退火和遗传算法，TS 是另一种搜索特点不同的 Meta-Heuristic 算法。迄今为止，TS 算法在组合优化、生产调度、机器学习、电路设计和神经网络等领域取得了很大的成功，近年来又在函数全局优化方面得到较多的研究。

6.2 粒子群优化算法

粒子群优化算法（Particle Swarm Optimization，简称 PSO），是由 James Kennedy 和 Russell C. Eberhart 于 1995 年提出的一种基于种群的随机优化算法，如图 6.2 所示。

图 6.2　粒子群算法倡导者

粒子群算法的主要设计思想与以下两个方面的研究密切相关：一是进化算法，二是人工生命。采用种群的方式进行搜索，这使得它可以同时搜索待优化目标函数解空间中的较多区域，利用的主要工具是计算机，主要方法是利用计算机编程模拟。

6.2.1　背景知识

为了说明粒子群优化算法的发展和形成背景，首先介绍一个早期的简单模型，即 Boid（Bird-oid）模型。1986 年，美国人雷诺尔兹（Craig W. Reynolds）为了模拟鸟群的行为而设计了 Boid 模型，它也是粒子群优化算法的直接来源。

在 Boid 模型中，计算机上运动的点代表鸟群个体，这样的一群点就是鸟类的群体。给每个点设置初始的坐标、速度等参数，这样就能用计算机模拟现实环境中的鸟类。雷诺尔兹通过反复的实验发现了三条简单的规则来决定鸟类行为方式：

（1）分隔规则：当个体与某些邻居靠得太近的时候就会尽量避开；

（2）匹配规则：每个个体的飞行方向尽量同周围的邻居的飞行方向保持一致；

（3）吸引规则：每个个体都要尽量靠近它的邻居所在的中心位置。

在这三条简单规则的约束下，Boid 模型中的“鸟群”就会像现实中的鸟群一样在虚拟世界中自由的飞翔。

由于 Boids 模型太简单而且远离真实情况，于是 Frank Heppner 对该模型进行了改进，提出了一个“谷地”模型，用来模拟鸟类的觅食行为。该模型在反映群体行为方面与其他类模型有许多相似之处，所不同之处在于：种群中的个体会受到食物所在地，即“谷地”的吸引。

同样的在“谷地”模型下，鸟群的运动也满足三条基本规则，如图 6.3 所示：

（1）种群中各个体都被“谷地”所吸引；

（2）种群中各个体会记住在运动过程中最优的点；

（3）种群中各个体会将自己离“谷地”最近的点分享给其他个体。

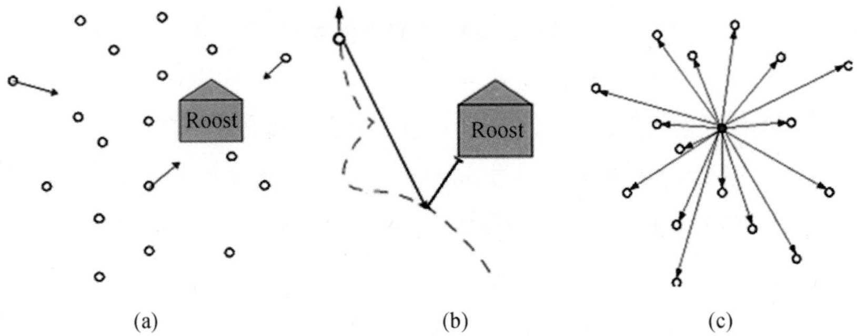

图 6.3　基本规则

（a）吸引规则；（b）记忆规则；（c）分享规则

从仿真的结果来看，一开始每只鸟均无特定目标进行飞行，直到有一只鸟飞到了“谷地”，当对“谷地”的吸引期望大于留在鸟群中的期望时，每只鸟都将离开群体而飞向“谷地”，随后“谷地”将很快聚集鸟群。由于鸟类使用简单的规则确定自己的飞行方向与飞行速度，当一只鸟飞离群体而飞向“谷地”时，将导致它周围的其他鸟也飞向“谷地”，这些鸟一旦发现“谷地”，将降落在此，驱使更多的鸟落在栖息地，直到整个鸟群都落到栖息地。

在发现这个模型之后，Kennedy 和 Eberhart 对其产生了浓厚兴趣。他们认为鸟群呈现的聚集，其社会性实质在于个体向他周围的成功者学习，个体与周围的其他同类比较，并模仿优秀者的行为。但是，如何使得粒子降落在最好解而不是降落在其他解处？要解决这个问题关键在探索（寻找一个好解）和开发（利用一个好解）之间寻找一个好的平衡。太小的搜索将导致算法收敛于早期所遇到的次优解，而太大的开发会使算法不收敛。另一方面，需要在个性与社会性之间寻求平衡，也就是说，既希望个体具有自己的个性，又希望他们能够与其他同伴交流学习，即具有共同的社会性。Kennedy 和 Eberhart 较好地解决了上述问题，他们对 Heppner 的模型进行了修改，并通过不断的试验和试错，提出了粒子群优化算法（PSO）的最初版本。

6.2.2 粒子群优化算法

粒子群优化算法是将每个个体抽象为没有质量和体积，而仅仅具有速度和位置的微粒，故将此方法称为“粒子群”优化算法，其最初版本的迭代公式为

$$v_i^{t+1} = v_i^t + \varphi_1 U_1^t (pb_i^t - x_i^t) + \varphi_2 U_2^t (gb^t - x_i^t)$$

$$x_i^{t+1} = x_i^t + v_i^{t+1}$$

这两个公式一个为粒子的速度更新公式，另一个为粒子的位置更新公式。正是通过这两个公式的迭代运算才实现了粒子的搜索运算。

第 1 个公式的意义可以分为以下三个部分来解读：

（1）v_i^t 是粒子在第 t 代时的速度，它代表微粒先前行为的惯性，表示微粒依据自身的速度进行惯性运动；

（2）$\varphi_1 U_1^t (pb_i^t - x_i^t)$ 为“认知（Cognition）”部分，取决于微粒当前位置与自身最优位置之间的距离，表示微粒本身的思考。其中 φ_1 被称为“认知学习因子”，U_1^t 为一个 0 ~ 1 之间的随机数，pb_i^t（pbest）是第 i 个粒子在前 t 代的最优位置，x_i^t 为第 i 个粒子在第 t 代时的位置；

（3）$\varphi_2 U_2^t (gb^t - x_i^t)$ 为“社会（Social）”部分，取决于微粒当前位置与群体中全局（或局部）最优位置之间的距离，表示微粒间的信息共享与相互合作。其中 φ_2 被称为“社会学习因子”，U_2^t 为一个 0 ~ 1 之间的随机数，gb^t（gbest）是前 t 代所有粒子中的最优位置，x_i^t 为第 i 个粒子在第 t 代时的位置。

第 2 个公式的是粒子位置的更新公式，因为每一次迭代的时间都是相同的，因此位置仅仅同粒子的速度有关，所以这里直接运用当前位置与速度进行叠加来获得位置的更新。

1. 算法的迭代过程

（1）初始化种群数量，使他们随机地分布在平面上；

（2）根据模型评估每个粒子的位置；

（3）确认每个粒子的最优位置，记为 pbest，因为是第 0 次迭代，所以粒子的初始位置就是它的 pbest；

（4）确定种群中最好的粒子的位置，记为 gbest，此时 gbest 应该是所有 pbest 中最优的那一个（图 6.4 中深色点）；

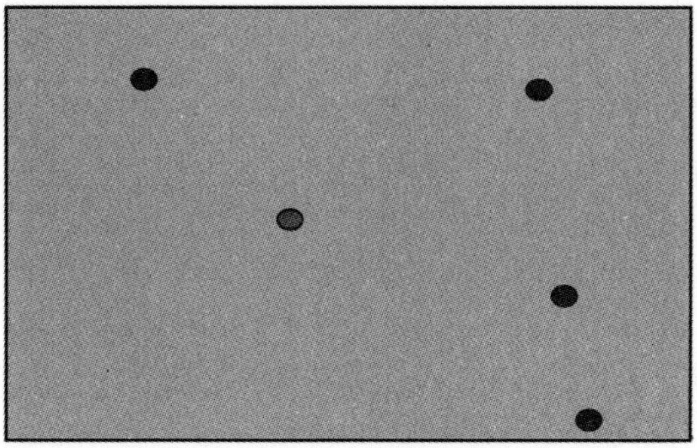

图 6.4　算法的迭代过程图 1

（5）根据公式 $v_i^{t+1}=v_i^t+\varphi_1 U_1^t\ (pb_i^t-x_i^t)\ +\varphi_2 U_2^t\ (gb^t-x_i^t)$ 来更新粒子的速度，如图 6.5 所示；

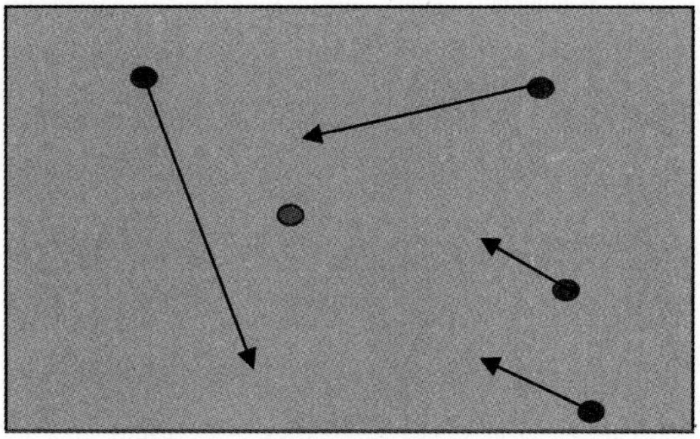

图 6.5　算法的迭代过程图 2

（6）根据公式 $x_i^{t+1}=x_i^t+v_i^{t+1}$ 来更新各粒子的位置，如图 6.6 所示；

（7）返回第 2 步重新迭代；

（8）评估每个粒子的位置；

（9）如果一个粒子当前的位置比它之前的位置好，则记录下新位置，并标记为 pbest；

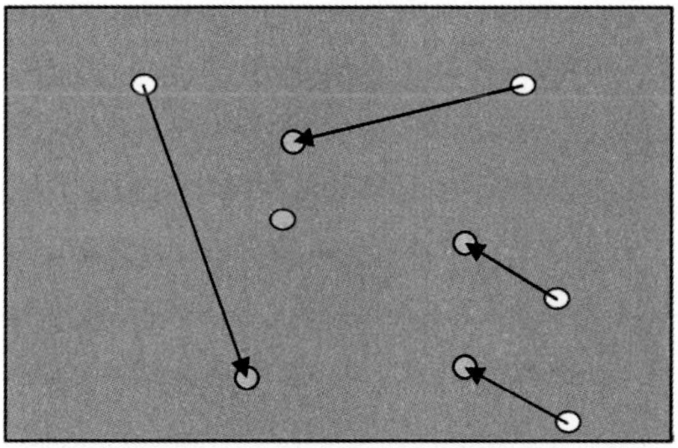

图 6.6　算法的迭代过程图 3

（10）确定种群中最好的粒子的位置，记为 gbest（图 6.7 中深色点）；

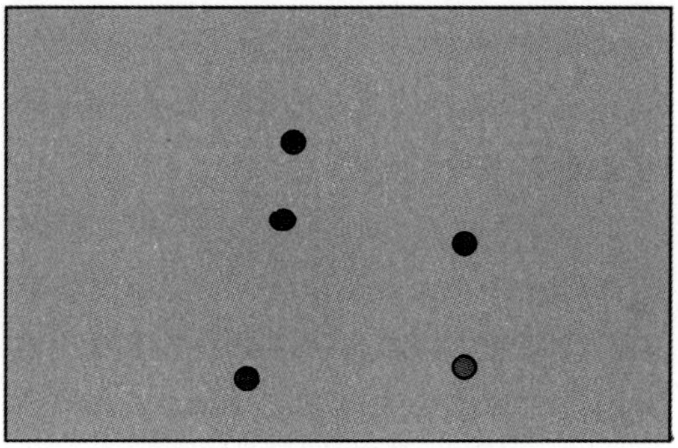

图 6.7　算法的迭代过程图 4

（11）根据公式：$v_i^{t+1}=v_i^t+\varphi_1 U_1^t\ (pb_i^t-x_i^t)\ +\varphi_2 U_2^t\ (gb^t-x_i^t)$ 来更新粒子的速度，如图 6.8；

（12）根据公式 $x_i^{t+1}=x_i^t+v_i^{t+1}$ 来更新各粒子的位置，如图 6.9；

再返回第 2 步迭代，直到满足停止条件。

2. 算法的改进

由于初始版本在优化问题中应用时效果并不太好，所以初始算法提出不久之后就出现了一种改进算法，在速度迭代公式中引入了惯性权重 ω，速度迭代公式变为

$$v_i^{t+1}=\omega v_i^t+\varphi_1 U_1^t(pb_i^t-x_i^t)+\varphi_2 U_2^t(gb^t-x_i^t)$$

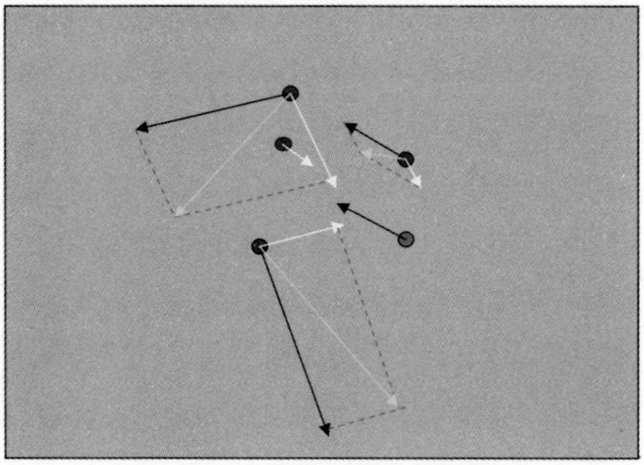

图 6.8　算法的迭代过程图 5

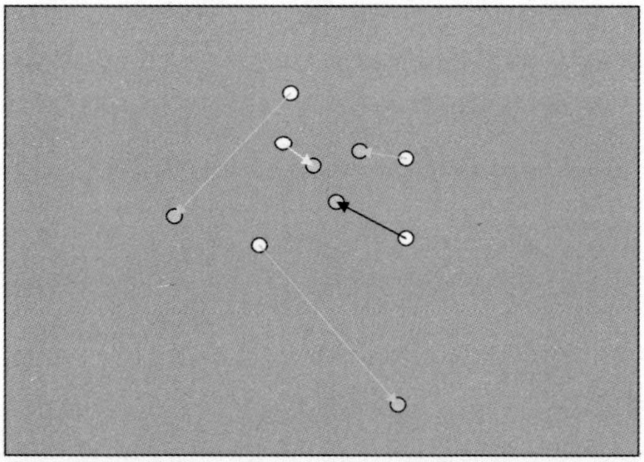

图 6.9　算法的迭代过程图 6

虽然该改进算法与初始版本相比复杂程度并没有太大增加，但是性能却有了很大的提升，因而被广泛使用。将该改进算法称为标准微粒群算法，而将初始版本的算法称为原始微粒群算法。

通过分析 PSO 算法的收敛行为，Clerc 发现了一种带收缩因子的 PSO 算法变种，并且通过数学推导证明了该种 PSO 算法的收敛性，收缩因子保证了收敛性并提高了收敛速度，迭代公式为

$$v_i^{t+1} = X[v_i^t + \varphi_1 U_1^t(pb_i^t - x_i^t) + \varphi_2 U_2^t(gb^t - x_i^t)]$$

显然，该迭代公式和标准迭代公式相比并无本质区别，只要适当选取参数，二者完全相同。

PSO 的另一个版本是局部 PSO，在全局版本中，微粒跟踪的两个极值为自

身最优位置 pbest 和种群最优位置 gbest。对应的，在局部版本中，微粒除了追随自身最优位置 pbest 之外，不跟踪种群最优位置 gbest，而是跟踪拓扑邻域中的所有微粒的最优位置 lbest。速度更新公式变为

$$v_i^{t+1} = v_i^t + \varphi_1 U_1^t(pb_i^t - x_i^t) + \varphi_2 U_2^t(lb^t - x_i^t)$$

自从 PSO 算法被提出以来，由于它直观的背景，简单而容易实现的特点，以及对于不同类型函数广泛的适应性，逐渐得到研究者的注意。十余年来，PSO 算法的理论与应用研究都取得了很大的进展，对于算法的原理已经有了初步的了解，算法的应用也已经在不同学科中得以实现。

PSO 算法是一种随机的、并行的优化算法。它的优点是：不要求被优化函数具有可微、可导、连续等性质，收敛速度较快，算法简单，容易编程实现。

PSO 算法的缺点如下。

（1）对于有多个局部极值点的函数，容易陷入到局部极值点中，得不到正确的结果。造成这种现象的原因有两种，其一是由于待优化函数的性质；其二是由于微粒群算法中微粒的多样性迅速消失，造成早熟收敛。这两个因素通常密不可分地纠缠在一起。

（2）由于缺乏精密搜索方法的配合，PSO 算法往往不能得到精确的结果。造成这种问题的原因是 PSO 算法并没有很充分地利用计算过程中获得的信息，在每一步迭代中，仅仅利用了群体最优和个体最优的信息。

（3）PSO 算法虽然提供了全局搜索的可能，但是并不能保证收敛到全局最优点上。

（4）PSO 算法是一种启发式的仿生优化算法，目前还没有严格的理论基础，仅仅是通过对某种群体搜索现象的简化模拟而设计的，但并没有从原理上说明这种算法为什么有效，以及它适用的范围。

目前，针对 PSO 算法开展的研究工作种类繁多，但是主要方向和研究重点在于改善 PSO 算法的优化性能。因此，有很多学者将 PSO 算法同神经网络、遗传算法、自适应算法、模拟退火、禁忌搜索算法等一系列的智能算法结合起来，来改善 PSO 的某方面的性能，但是目前并没有一种改进算法能够解决所有的优化问题。

6.3 游速优化方案

对于水下机器人，机动性和游动效率是衡量机器鱼游动性能的主要指标。本节通过对自主机器鱼的游速优化以提高机器鱼的游动性能，增加其控制精度。此外根据游速优化的结果，比较自主机器鱼在不同游速下的状态，为机器鱼在实际任务中游速的选择提供理论基础。

6.3.1 自主机器鱼游速优化的目的

通过游速优化得到自主机器鱼的最优游动性能，例如最快游动速度、最小转弯速度等。由于水下复杂的流体环境，建立自主机器鱼的动力学模型十分困难，所以无法通过动力学分析得到最优的控制参数，因此本章通过一些优化搜索方法，在自主机器鱼的控制参数空间中，搜索最优控制参数，从而使得自主机器鱼的游动性能达到最优。

通过游速优化确定自主机器鱼控制参数与游动性能之间的对应关系，提高控制精度。在水下机器鱼执行任务的过程中，对其运动的控制，一般的方法是赋予机器人一定数量的游动挡位，每一个挡位都对应机器鱼不同的游动性能。例如对于机器鱼的水平直游，每个挡位对应机器鱼不同的水平直游速度；对于机器鱼的转弯，每个挡位对应机器鱼不同的转弯半径和角速度。这种控制方法的优势在于：（1）控制简单，决策方只需针对不同环境决定不同的游动挡位，而不必确定复杂的控制参数的大小；（2）控制精度高，由于在任何挡位下的游动性能是一一对应且预知的，所以控制精度上可以大大提高。但对于这种控制方法的前提是得到机器鱼的控制参数与游动性能之间的对应关系。

6.3.2 自主机器鱼游速优化实验平台简介

为了检测到机器鱼在水中的位置、速度等信息，本章利用了一套水中机器人实验平台。水中机器人实验平台是一个有良好扩展性，友好的图形界面、模块化软件设计、实时图像处理，并具有良好实验结果记录及回放功能的开放性实验平台。整个系统可以分为 3 个子系统：机器鱼子系统、通信子系统和上位机子系统。

该平台首先通过通信系统下达机器鱼的控制命令使机器鱼达到对应的游动

状态，然后通过机器鱼身上安装的压力传感器测量游动中水的压力变化，并将数据发送到上位机平台，最后通过上位机进行数据分析计算，得出机器鱼的游动速度，压力传感器如图 6.10 所示。

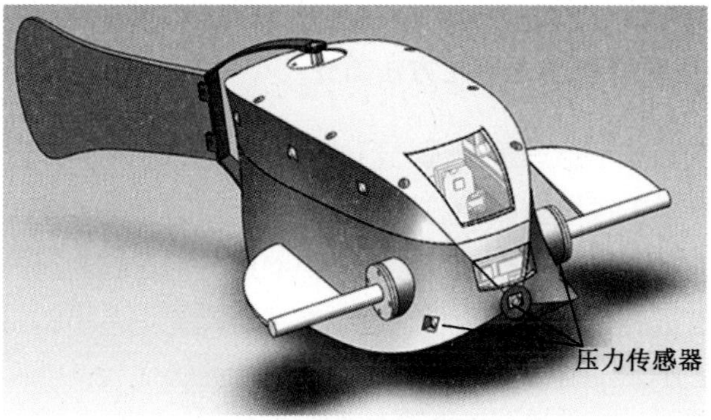

图 6.10 压力传感器

6.3.3 自主机器鱼的各种游态及其实现方式

根据不同的推进模式自主鱼可以实现多种游动步态，我们目前的优化只针对机器鱼在水平方向上直线运动的情况，其游动模态有以下几种：

（1）BCF 水平直游：这种游态下，驱动尾鳍左右对称摆动提供推进力，而胸鳍保持与水平面平行。由于胸鳍不参与运动，因此该游态的 CPG 模型简化为单个振荡器，相应的控制参数为：尾鳍的摆动频率 v^3 和尾鳍的摆动幅值 R_3。

（2）MPF 水平直游：在这种游态下，保持尾鳍与身体成直线，使左右胸鳍在水平面上下摆动。由于尾鳍不参与运动，因此该游态的 CPG 模型简化为两个互相耦合的振荡器，相应的控制参数为左右胸鳍的摆动频率 v_1、v_2，左右胸鳍的摆动幅值 R_1、R_2，左右胸鳍摆动的相位差 φ_{12}。

（3）MPF 倒游：在 MPF 水平直游的基础上，改变左右胸鳍摆动的静态偏移量，使得左右胸鳍产生推动力的方向与水平直游方向相反，实现自主机器鱼的倒游。该游态的 CPG 模型与 MPF 水平直游游态一致，相应的控制参数有：左右胸鳍的摆动频率 v_1、v_2，左右胸鳍的摆动幅值 R_1、R_2，左右胸鳍摆动的相位差 φ_{12}，左右胸鳍摆动的静态偏移量 $X_1 = \pi$、$X_2 = \pi$。

（4）CPF 水平直游：这种游态是驱动胸鳍尾鳍同时摆动产生推动力，从而实现自主机器鱼的水平直游。该游态的 CPG 模型为完整的 3 个互相耦合的振荡器，相应的控制参数有：3 个关节的摆动频率 v_i，3 个关节的摆动幅值 R_i（$i=1, 2, 3$），左右胸鳍摆动的相位差 φ_{12}，左胸鳍和尾鳍摆动的相位差 φ_{13}。

6.3.4 自主机器鱼游速优化方法简介

本章采用的自主机器鱼游速优化方法有：穷举法和 PSO 优化算法。

要确定机器鱼的控制参数与游动性能之间的对应关系，穷举法是最简单实用的方法。所谓穷举法也称枚举法，对于机器鱼的游速优化来讲，即依次遍历所有独立控制参数的组合，得到所有控制参数不同的组合下的游动性能，同时也可以得到最优的游动性能下的控制参数。

由于穷举法是逐个检查所有独立控制参数的组合情况，因此独立参数较多时这种方法极为费时。但在实际实验的过程中并不是机械地检查每一种组合，常常在试验过程中发现某些独立控制参数对机器鱼的游动性能的影响很小，从而可以提前舍弃该控制参数，以提高实验效率。

对于控制参数相对简单的游态采用穷举法进行游态优化，其实验流程如下。

（1）确定游态的控制参数、参数取值范围及间隔。在实际实验的过程中并不是机械地检查每一种组合，常常在试验过程中发现某些独立控制参数对机器鱼的游动性能的影响很小，从而可以提前舍弃该控制参数，以提高实验效率。

（2）按一定规律组合控制参数，输入到 CPG 模型中，进行自主机器鱼的运动控制。

（3）利用实验平台记录每一种参数组合下的机器鱼的游动信息。

（4）根据自主机器鱼的游动信息计算自主机器鱼的游动性能，游动速度等。

虽然，枚举法用起来十分简便，但是对于大量的参数会很费时和繁杂，并且这种方法并不准确，其精度和实验的复杂程度成正比，因此我们将会采用更加智能的 PSO 优化算法对机器鱼的游速进行优化。使用标准的 PSO 算法很容易会陷入到局部极值之中，无法得到我们所需的最优解，在此我们将选用目前适用性比较广泛的若干 PSO 算法作为候选算法对机器鱼进行优化，考虑到我们还没有办法建立自主机器鱼的动力学模型，我们需要利用其他方式来验证算法的有效性。通过枚举法得到的数据对我们来说是有帮助的，我们可以利用这些数据通过神经网络训练一个函数，得到输入和输出之间的关系，通过训练出来的函数对候选的 PSO 算法进行验证，从中找出最适合优化我们系统的算法。

采用 PSO 优化算法进行游态优化，其实验流程为：

（1）选定几种适用范围广泛的 PSO 改进算法作为候选算法；

（2）利用之前枚举法所获得的实验数据进行神经网络训练，用来得出机器鱼模型的输入与输出之间的关系；

（3）将候选的 PSO 算法带入到神经网络训练出来的函数中进行运算，找出一种最适合我们待优化模型的 PSO 算法；

（4）利用选出的 PSO 算法对机器鱼的速度进行优化。

本节提出的游速优化方案只是针对具体问题的办法，并不能适用于所有的优化问题，在此只是提供给读者一种思路，对于具体的优化问题还需要读者根据具体情况进行分析和思考，找到合适的优化方案。

6.4 倒游优化

倒游优化是比较麻烦的一种优化模态，其难度在于在，倒游模态下安放在机器鱼头部的压力传感器没办法用来测速，因此，必须找到其他的测速方法来测量机器鱼的游动速度。另外，由于倒游模态的控制参数相对简单，只需要控制一对胸鳍的频率、摆幅和胸鳍之间的相位角的差值，所以倒游模态不需要使用 PSO 算法，而直接使用枚举法会更加简便，可减少很多工作量。

6.4.1 倒游模态的控制平台

由于不能使用压力传感器，因此无法像测向前直游一样使用传感器采集数据，然后同计算机交互，最后由计算机计算得到游速指标。基于这个原因，将采用另一种基于摄像头的测速平台来测得机器鱼的游速。该平台首先通过通信系统下达机器鱼的控制命令，然后通过视觉系统进行图像采集，最后通过上位机进行实时的图像处理，从而得到并记录自主机器鱼的速度，如图 6.11 所示。

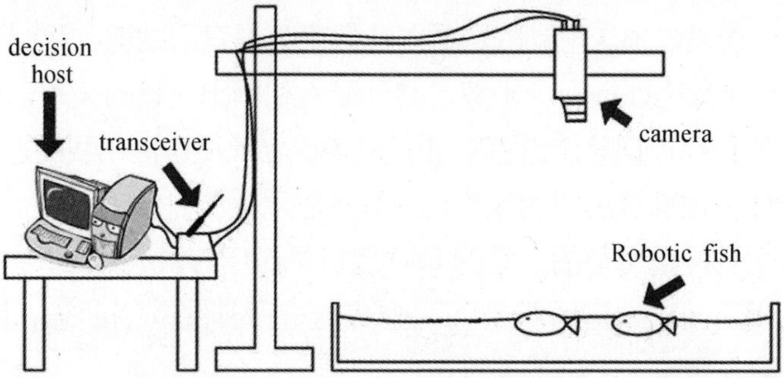

图 6.11　自主鱼倒游测速平台

6.4.2　倒游模态的实验方案

在前面已经介绍过 MPF 倒游模态，即在 MPF 水平直游的基础上，改变左右胸鳍摆动的静态偏移量，使得左右胸鳍产生推动力的方向与水平直游方向相反，实现自主机器鱼的倒游。该游态的 CPG 模型控制参数有：左右胸鳍的摆动频率 v_1、v_2，左右胸鳍的摆动幅值 R_1、R_2，左右胸鳍摆动的相位差 φ_{12}，左右胸鳍摆动的静态偏移量 $X_1 = \pi$、$X_2 = \pi$。由于控制参数较为简单，因此选择使用枚举法进行速度优化。具体方法为：

（1）限定机器鱼的运动频率不变；

（2）在限定频率的情况下，保持自主鱼的左右胸鳍摆幅不变，并按照一点的间隔调节自主鱼的相位差，测量各种不同相位差下的速度值；

（3）在限定频率的情况下，保持自主鱼的相位差不变，并按照一点的间隔调节自主鱼的左右胸鳍摆幅，测量各种不同摆幅下的速度值；

（4）改变频率值，重复第 2、3 步的操作进行试验；

（5）对测得的数据进行分析，找出自主鱼游动的最优速度。

使用枚举法优化游速的思想直观、简单，但是从工作量来看需要做的工作很繁杂，没有 PSO 算法方便智能，对于简单的优化问题利用枚举法解决会很有效，不过在优化复杂问题的情况下还是智能优化算法更为简单易行。

第7章　总结与展望

从1994年世界第一条仿生机器鱼Robo Tuna研制成功到现在，水下仿生机器人的研究已经走过将近二十个春秋。在鱼类游动机理、运动控制、推进器驱动材料、推进效率和机动性能方面，人类已取得了丰硕的研究成果。目前的抗力理论、细长体理论、波动板理论等多种推进理论都不同程度地对鱼类游动过程中的旋涡和湍流等因素进行了建模，为水下仿生机器人研究提供了重要理论基础。水下仿生机器人的自主控制能力和机动性能都有了较大提高，甚至已经有了利用周围涡流信息进行定位和蔽障的能力。但我们也必须清楚地认识到，现在的水下仿生机器人在很多方面仍无法和自然界的真鱼相媲美，同时目前的水下仿生机器人也很少真正地应用到海洋探索等工程领域。

人们至今还没有完全实现对鱼类游动过程中产生的旋涡和湍流等现象的精确建模，也没有搞清楚鱼类是如何巧妙地实现对涡流的精确控制来实现推进的高效率和高机动性。但这并没减弱研究人员对水下仿生机器人的研制和开发。随着传感器技术的快速发展，越来越多的传感器融入到机器人身上，以此来模拟真鱼上各种器官的功能，比如用摄像头模拟鱼的眼睛，用压力传感器阵列模拟鱼的侧线系统，用IMU模拟鱼的姿态感知能力等，这在一定程度提高了机器人游动时的精确控制程度和对复杂环境的反应能力。多传感器的加入让机器人可以具有自主能力，对机器人在未来实现真正的科研探索有着重要的意义。

近年来，群体行为越来越受到人们的研究和关注，在水中的鱼群行为也同样吸引着大批的生物学家和机器人学专家。鱼类是如何通过局部的个体之间的信息交互而形成一个稳定存在的庞大群体，进而一起觅食、躲避敌害和迁徙，很多研究人员也从不同的角度提出了鱼群行为模型的假设和相应的解释。仿生机器人和仿生对象之间有着多种天然的相似度，因此它们可以成为一个验证群体行为模型假设的有力平台。因此，多仿生机器人系统的研究也越来越受到人们的关注。

随着流体力学（或者现在还未发现的学科）、仿生学、材料学、电源、传感技术、智能技术和计算技术的不断提高，相信推进效率高、耗能少、噪声低、机动强的智能机器鱼一定能在未来的水下推进器领域扮演重要角色。

附录　名词解释

裁判员　运动竞赛过程中，依据竞赛规程和竞赛规则评定运动员（队）成绩、胜负和名次的人员。裁判员既是竞赛中的“执法人员”，又是竞赛进行的组织者和领导者。

职责及要求：裁判员水平的高低直接影响运动员技术、战术的发挥，也直接影响比赛的效果。裁判员应该具备以下条件：

一、有高尚的道德品质，作风正派，坚持原则，公正无私，严肃认真，对所有运动员一视同仁。

二、精通本项比赛的规程和规则，善于把规则精神运用到比赛中去。了解本专项当今世界的技术、战术发展趋势，不断进行观念和知识的更新，以提高裁判水平。

三、谦虚谨慎，虚心听取不同意见，善于向别人学习，尊重他人，团结协作。

四、有严格的组织纪律观念。

五、有健康的身体，临场裁判时能够精神饱满地完成裁判工作任务。

教练员　教练员是运动训练的直接组织者和指导者，承担着培养、训练运动员的主要任务，对促进运动员的全面发展，实现运动训练的目标起着主导作用。

职责及要求：

一、教练员必须具备与其所承担的训练任务相适应的思想素质和业务素质。其基本条件为具有牢固的政治思想基础，强烈的事业心和高度的责任感，具有合理的知识结构，较高的专项技术水平和良好的心理品质。

二、教练员应自觉地履行其职责，严肃训练纪律，认真制订训练计划，科学选择训练手段和方案，严格管理，努力完成训练计划，实现训练目标。

三、做好平时训练考勤，赛前准备，临场指挥，赛后总结的各项工作。

四、严格管理教育，加强思想政治工作，关心运动员的全面发展。做到发扬民主，爱护运动员，不打骂和污辱运动员，并以身作则，在训练、学习、生活等方面作运动员的表率。

五、教练员应不断地加强学习，提高自身的理论水平、运动技术水平等综合素质。

运动员　专业运动项目中出色异于一般的高水平人员。

职责及要求：

一、参赛运动员必须佩带号码参加比赛，无号码者不得参加比赛。

二、参赛运动员必须按报名顺序参加比赛，不许弄虚作假，冒名顶替，如有发现取消比赛资格。

三、报名者的参赛项目不得更改。如有差错以原始报名表为准。

四、参赛运动员必须身着运动装参加比赛，否则不得参加比赛。

五、参赛运动员要尊重裁判，服从裁判。不得当场顶撞裁判，更不得寻衅滋事，妨碍裁判员工作。

六、遵守比赛规则，确保安全第一。要把安全工作贯穿在整个体育运动的全过程和各个方面。运动员不得违反规则。

参考文献

[1] 王凌. 智能优化算法及其应用[M]. 北京:清华大学,2004.

[2]海丽切木·阿布来提. 浅谈几种智能优化算法[J]. 电脑知识鱼技术. 2011(19):32.

[3] 刘涛,王志良,解仑,等. 基于遗传算法的双足步行机器人步行姿态控制策略[J]. 微计算机信息, 2006(20):40.

[4] 张乐. 多模态鱼的设计与控制[D]. 北京: 北京大学, 2008.

[5] 雷英杰,张善文,李续武,等. MATLAB 遗传算法工具箱及应用[M]. 西安:西安电子科技大学出版社,2006.

[6] 王得燕. 穷举法与粒子群算法的比较[J]. 无锡职业技术学院学报,2008,7(1): 44 - 45.

[7] Jia Y N, Jing Y L, Xie G M, et al. Framework design and locomotion control of autonomous robotic fish propelled by pectoral and tail fins[R]. Technical Report of Intelligent Control Laboratory, 2010.

后　记

素质体育机器人运动是一项利国利民的伟大工程。为了促进素质体育机器人运动的发展，提高国民综合素质，提升国家科学技术和教育水平，全国素质体育机器人运动组委会特委托北京大学专门开发了机器人竞赛系列教材，并展开相应网络课程教学。本教材属于水中专项（机器鱼）系列，该系列共分全局视觉、自主视觉和 2D 仿真三大类别，详细地介绍了相关机器人竞赛的科学原理、技术方法和竞赛规程等。

自主仿生机器鱼是中国素质体育机器人运动会水中专项自主视觉组竞赛项目所指定的标准竞赛机器人。本书全面系统地介绍了自主仿生机器鱼的仿生学原理、机械结构、硬件系统、运动控制与优化等内容。本书适用于参加中国素质体育机器人运动会水中专项运动全局视觉组竞赛项目的所有教练员、裁判员和运动员，也适合机器人爱好者参考学习。

本书的编者感谢北京大学智能控制实验室的已毕业和在读的研究生同学们为完成本书所做的重要贡献，感谢国家自然科学基金委员会的基金项目支持。

编写时间和编者水平有限，书中不足和遗漏之处在所难免，欢迎读者批评指正。

谢广明

北大中关园

2013 年 4 月